立志工作成功，是人类活动的三大要素。立志是事业的大门
这旅程的尽头就有成功在等待着，来庆祝你努

创新
innovation

合作
cooperation

诚信
Sincerity

职场 必修课

浩晨·天宇◎编著

中国言实出版社

图书在版 编目(CIP)数据

职场必修课 / 浩晨・天宇编著. -- 北京 ：中国言
实出版社，2017.1
　　ISBN 978-7-5171-2215-9

　　Ⅰ．①职… Ⅱ．①浩… Ⅲ．①成功心理—通俗读物
Ⅳ．①B848.4

　　中国版本图书馆CIP数据核字(2017)第014104号

责任编辑：胡　明
封面设计：浩　天

出版发行　　**中国言实出版社**
　　　　　地　　址：北京市朝阳区北苑路180号加利大厦5号楼105室
　　　　　邮　编：100101
　　　　　编辑部：北京市海淀区北太平庄路甲1号
　　　　　邮　　编：100088
　　　　　电　话：64924853（总编室）64924716（发行部）
　　　　　网　址：www.zgyscbs.cn
　　　　　E-mail：yanshicbs@126.com
经　　销　　新华书店
印　　刷　　三河市天润建兴印务有限公司
版　　次　　2017年2月第1版　　2017年2月第1次印刷
规　　格　　787毫米×1092毫米　　1/16　印张15
字　　数　　200千字
定　　价　　39.80元　　　　ISBN 978-7-5171-2215-9

前　言

　　每一个在职场打拼的人都关心如何才能在激烈的职场竞争中出人头地，怎么做才能让自己成为企业欣赏的员工；每一个企业老总都要知道哪些员工能给企业带来效益。而面对这些问题，我们只能这样说，如果你是一个期望自己在职场中能够脱颖而出的人，只要你认识了职场中所存在的问题，你就能够驰骋职场，成就自己的职场梦。因为我们知道，我们都会为了生活需要而进入工作环境，在不断的拼搏中将自己的价值展现在世人面前。不同的人展现的是不同的工作态度，因而也就有了不同的工作和生活结果。

　　有些人把自己当成一块金子，在工作中越磨越璀璨；有些人把自己当成一块石头，在工作中越磨越失了光华，掉了身价，丢了激情。有些人羡慕别人的宝马香车、别墅楼宇，可从未想到别人曾经付出的代价、尝过的艰辛，从未想过自己缺少什么。事实上，没有任何人可以随便成功，任何成就的取得都是积极努力的结果。工作同样如此。你以什么样的态度对待工作，工作就会以什么样的结果回报你的付出。所以，不要抱怨你现在的一无所有，任何时候都应该先反思自己的错误，反省自己是否曾经付出过应付的代价，是否完成了该完成的任务。这才是正确对待生活的态度、正确对待工作的态度。

与其让自己的工作成效证明自己不曾努力、尽力，就不如干脆不干。如果干了，就不应该让自己疏忽、懈怠。有的人认为，自己不用努力就可以拿到薪金是一种荣耀，是自己有能力的表现，但从发展变化的角度来看，这种思想必将引导你走向失败的边缘。而且，这种自认为聪明的做法，不仅会欺骗你还会毁灭你。现实中，许多人的遭遇就证明了这一点。

一只水桶可以盛多少水是由最短的那块木板的高度决定的。所以，假如你今天依然没有成功，就应该仔细寻找自己的缺陷。只有补上了那块最短的木板，你的事业才会成功。每一个职场中人，都要认识到自己身上的短板，只有这样你才有可能成为最强大的你。

最后需要说明的是，本书是一本教育员工从优秀走向卓越的好教材，学习本书可以培养员工高尚的品质、健康积极的心态、顽强拼搏的意志、高效的工作技能、和谐的职场氛围等，堪称是一本献给职场人士的职场宝典！

目 录

第一章
关 于 职 业

第二章
提升你的职业适应力

第三章
提升你的职业创新能力

第四章
提升你的职场变通能力

第五章
提升你的职场合作能力

第六章
提升你的职场人脉关系

第七章
提升你的职场诚信

第一章
关于职业

　　每一个职场中人，都要认识到自己身上的短板和优势，只有这样，你才能认识到无论你在什么位置、做什么工作，只要你掌握了这些职场圣经，这就是你走向成功的最宝贵的财富。

职业体现生命的价值

在我们的一生中，无论是富有还是贫穷，是幸福还是不幸福，可能无法选择，但我们却能够选择去履行那些贯穿于我们职业生涯中的职责。只有辛勤地工作，才能证明自己的人生价值。工作自身，也成为人们实现人生目标的一种方式。热爱职业，是人类伟大的情操之一。

如果我们仅把职业作为一种谋生的手段，我们就不会去重视它、热爱它；而当我们把它视为深化、拓展自身阅历的途径时，每个人都不会从心底轻视它。职业带给我们的，将远远超出其本身的内涵。职业不仅是生存的需要，也是实现个人人生价值的需要。一个人总不能无所事事地终其一生，应该试着把自己的爱好与所从事的工作结合起来，不管做什么，都要从中找到快乐。

人的一生，人的生命价值，从根本而言就在于他职业生涯方面的成功和成就。从历史的角度看，一个人之所以流芳百世，也往往是由于他在职业生涯方面的成功，为社会、为后人留下了宝贵的物质财富和精神遗产。从哲学家柏拉图、军队统帅亚历山大、牧师马丁·路德、律师林肯、军人内森·黑尔，到出版商兼政治家富兰克林、诗人爱默生、商人洛克菲勒、企业家福特等，他们都用职业的艰辛，换来了事业的辉煌，从而也取得了人生的成功。中国儒家圣人孔子曾说：

"吾十有五而志于学，三十而立，四十而不惑，五十而知天命，六十而耳顺，七十而从心所欲，不逾矩。"这段话正是这个大思想家的职业生涯，即他的人生成长过程的精辟写照。

从人生的角度看，当一个人年老垂暮的时候，令他欣慰的，除了膝下的子孙外，主要是他几十年职业劳动的成果。其实，他之所以欣慰膝下子孙，也往往因为膝下的子孙们在从事的职业上取得了成功和成就。

职业是人生的信仰

人生的目的或者意义究竟是什么？对此，人类历史上有着众多的解答。东方的众多教义将人生的目的视为成圣成仙，人生的意义在于为来世或者极乐世界修行；而在西方，中世纪以前的教义中，也将放弃现世、刻苦禁欲、最后进入天堂作为人生目的。无论东方还是西方，那时候都很轻视世俗的劳动和生活。

经过中世纪的漫漫长夜，美国新教的兴起改变了人们对人生目的的看法。新教徒有着这样一种信仰：为了来世或天堂，放弃现世的义务是自私的，是在逃避世俗责任。与此相反，履行职业的劳动既是造物主赋予每个人的神圣义务，也是人能够进入天堂的通行证。不是修行，而是世俗的劳动，才能使人生具有价值，才能使人在造物主前面具有意义。职业劳动成为不应被蔑视的、高尚的、证明我们人生意义的事物。职业本身也就成为人生的目的。

1904年，德国伟大的哲人马克斯·韦伯到美国来考察，他发现美国的经济非常繁荣，各行各业欣欣向荣，他在考察导致繁荣的原因时指出，正是美国的文化和宗教因素，很大程度上促成了美国资本主义的繁荣。他发现，任何一项事业背后，必然存在着一种无形的精神力量。从欧洲逃到美国的新教徒们的教义，作为一种进取有为、勤奋敬业的精神力量，有力地推动了美国经济的蓬勃发展。马克斯·韦伯发现，在新教中职业概念已经与过去有了大不相同的旨意，它表示了一种终生的任务，一种确定的工作领域，也包含了人们对其的肯定评价，甚至包含着一种宗教因素。

在新教看来，造物主的神意已毫无例外地替每个人安排了一个职业，人必须各事其业，辛勤劳作。职业是造物主向人颁发的如何在尘世生存的命令，并要人以此方式为造物主的神圣荣耀而工作。也只有克尽职守、兢兢业业，才能讨得造物主的欢心，才能进入千百年来人类梦寐以求的地方。

只有辛勤的工作，才能确证自己的人生价值。工作自身，也就成为人达成人生目的唯一方式。一切正像马克斯·韦伯在其名著《新教伦理与资本主义精神》中写的："职业思想便引出了所有新教教派的核心理念：上帝应许的唯一生存方式，不是要人们以苦修的禁欲主义超越世俗道德，而是要人完成个人在现世里所处地位赋予他的责任和义务。这是他的天职。"

蜜蜂的天职是采花造蜜，猫的天职是抓捕老鼠，蜘蛛的天职是张网捕虫，而狗的天职就是忠诚地服务主人。造物主似乎对每个物种都有了职责上的安排。人，作为万物的灵长、天地的精英，同样具有他与生俱来的职责和功能。

人来到世上，并不是为了享受，而是为了完成自己的使命和安排。马克斯·韦伯在考察职业一词时指出：德语中的职业一词是"beruf"，这个词含有"职业、天职"的意思；英语中的职业一词是"calling"，含有"召唤、神召"的意思。如果一个人以一种尊敬、虔诚的心灵对待职业，甚至对职业有一种敬畏的态度，他就已经具有敬业精神。但是，他的敬畏心态如果没有上升到敬畏这个冥冥之中的神圣安排，没有上升到视自己职业为天职的高度，那么他的敬业精神就还不彻底、还没有掌握精髓。天职的观念使自己的职业具有了神圣感和使命感，也使自己生命信仰与自己的工作联系在了一起。只有将自己的职业视为自己的生命信仰，那才是真正掌握了敬业的本质。

职业与地位无关

聪明的人知道，无论一个人的职业是什么，都无法降低自己的人格尊严，都不会对自己的地位有所影响。那些所谓的地位，只是虚荣者给自己设立的界限。无论你从事什么职业，都不要看不起自己的工作。

如果你认为自己的劳动是卑贱的，那你就犯了一个巨大的错误。工作本身没有贵贱之分，但是对于工作的态度却有高低之别。如果一个人轻视自己的工作，将它当成低贱的事情，那么他就绝不会尊敬自己。因为看不起自己的人，往往会觉得工作艰辛、烦闷，工作自然也不会做好。这样下去，即使有一些让他们升迁的机会也会被悄然浪费。当今社会，有许多人不尊重自己的工作，不把工作看成创造一番事业的必由之路和发展人格的工具，而视为衣食住行的供给者，认为工作是生活的代价，是无可奈何、不可避免的劳碌，那他就活得很悲哀！

亚里士多德曾说过一句让古希腊人蒙羞的话："一个城市要想管理得好，就不该让工匠成为自由人。那些人是不可能拥有美德的。他们天生就是奴隶。"罗马一位演说家说："所有手工劳动都是卑贱的职业。"从此，罗马的辉煌史就成了过眼云烟。

今天，同样有许多人有职业的偏见。认为自己所从事的职业是卑贱低微的。他们身在其中，却无法认识到那份职业的真正价值，只是迫于生活的压力而劳动。他们无法投入全部身心。他们在工作中敷衍塞责、得过且过，而将大部分心思用在如何摆脱现在令自己不满意的工作环境上了。这样的人在任何地方都不会有所成就。

是的，某些行业中的某些工作看起来确实并不高雅，工作环境也很差，无法得到社会的承认，但是，请不要无视这样一个事实：有用才是伟大的真正尺度。就像那些劳动工具一样，有些劳动工具被用来做一些比较好的工作，不会遭到风霜的洗礼，不会裸露于骄阳的暴晒之下，有些工具则被用来洗刷马桶，清除最脏的死角。这些工具都有它们各自的位置，都有其利用的价值，任何人都不能因否认它们的价值而舍弃不用。相反，人们在生活中永远都不会小视它们的价值。况且，用饭勺洗马桶极不合理也不可取。饭勺代替不了马桶刷，这是千古不变的真理。这就是我们不能轻视自己职业的道理。

所有正当合法的工作都是值得尊敬的。只要你诚实地劳动和创造，没有人能够贬低你的价值，关键在于你如何看待自己的工作。那些只知道要求高薪，却不知道自己应承担责任的人，无论对自己，还是对老板，都是没有价值的。往往有一些被动适应生活的人，他们不愿意奋力崛起，努力改善自己的生存环境。对于他们来说，公务员更体面，更有权威性；他们不喜欢商业和服务业，不喜欢体力劳动，自认为应该活得更加轻松，应该有一个更好的职位，工作时间更自由。他们总是固执地认为自己在某些方面更有优势，会有更广泛的前途，但事实并非如此。

那些看不起自己工作的人，实际上是人生的懦夫。与轻松体面的办公室人员的工作相比，商业和服务业需要付出更艰辛的劳动，需要更实际的能力，但这不等于这样的工作就是卑微的代名词。只能说当人们害怕接受挑战时，会给自己找出许多借口来逃避现实。有些人在学生时代可能就非常懒散，一旦通过了考试，便将书本抛到一边，以为所有的人生坦途都向他展开了。他们对于什么是理想的工作有许多错误的认识。莱伯特对这种人曾提出过警告："如果人们只追求高薪与政府职位，是非常危险的。它说明这个民族的独立精神已经枯竭；或者说得更严重些，一个国家的国民如果只是苦心孤诣地追求这些职位，会使整个民族像奴隶一般地生活。"

对自己尊重的人不会看轻自己的职业，不会对自己所从事的职业有任何异议。他们是独立生活、有自己见解的人。在生活的道路上，这些人永远都是人类的领军人物，永远都值得人们赞叹和感怀。

职业的本质是什么

在我们的职业生涯中，我们无论做什么工作，都要看清楚工作的本质是什么。了解这一点，我认为是非常必要的。有人说："做自己喜欢做的事就会很快乐。""做必须做的事，投入其中，并试着去喜欢它。"这是职业化的所作所为，也是快乐生存的策略。

事实也是这样，每个人都必须当机立断，去做自己喜欢做的事情，我们每个人每天都有许多事可做，但有一条原则不能变，那就是一定要做你最喜欢做的事。只有我们喜欢我们所从事的工作，我们才能在工作中找到乐趣，如果我们总是做自己不喜欢做的事，我们还谈什么突破自我、创造价值？

很多人在寻找工作的时候，都不知道自己要做什么，或是逼迫自己硬着头皮去做一些自己不喜欢做的事，这是一件很可悲的事。有一位机械师不喜欢自己的工作想转行，却迟迟下不了决心，因为他已经学了二十几年的机械，如果突然换一份其他的工作，会感到很不适应，尽管不喜欢，却无法抛开累积十多年的机械专业知识。他想改变，但又甩不掉过去的包袱，自然无法突破。

这是个矛盾，既然知道自己再继续做下去也不会有兴趣，就应该果断地作出决定：转行。做自己喜欢的事情毕竟是令人兴奋的，也更容易激发自己的想象力和创造力，并会最终取得卓越成就。

　　要改变自己目前的状况，要让自己做事情更有成效，我们就必须作出更好的决定，采取更好的行动。当然，在我们工作中，我们也要认识到，我们不能总是在工作中找到快乐，毕竟我们是在工作，而不是在娱乐，遭受上司的批评、在工作中遇到困难是在所难免的。更重要的是我们还要看到，工作是在为公司、为老板、为自己创造利润，所以我们也就没有自己想象的那样快乐，毕竟老板付给我们薪水，就是我们已经为公司创造了利润，最后才能得到的回报。

　　古代一位罗马哲学家曾经给我们提供过人类最伟大的见解。这位哲学家认为没有卑微的工作，只有卑微的工作态度，而我们的工作态度取决于我们自己。我们每个人都得面对许多不喜欢但又必须做的事，因为这是由我们的工作所决定的。所以在工作过程中，你不必为上班、加班、开会、应酬等事件所影响自己的心情。我们只有在内心深处拥有更多渴望，才会充满激情去工作，才会以不一样的心情投入其中，并且在工作中我们会很快地发现：一旦我们全身心地投入工作，我们的工作就会做得越来越好。

　　在我们的身边，总有不少人在抱怨自己的工作不如意、低人一等，自己从事这份工作仅是迫于生活的压力才不得不这样做的。他们的眼睛紧紧盯住高薪与职位，这是非常危险的。因为在工作中，我们要认识到在选择自己的职业时，要有一种牺牲精神，就像真正的职业运动员为了成就会约束自己一样。当他们内心还有更多渴望的时候，在"喜欢做"和"必须做"之间，就作出了自然而然的选择。

　　在很久以前，我曾经给我的员工讲过这样一个故事，说的是有一个人要到国外去旅游，在出门的时候，他把他的仆人叫过来，希望他们把家看管好。在这个人交代完各自的工作后，又按照每个人的能力给他们分配了银子，最多的一个给了5000两，一个给了2000两，最少的一个也给了1000两。在这个人做完这一切后，他就放心地去国外旅游了。在他走了之后，那个领了5000两银子的人随即拿钱去做买卖，另外赚了5000两银子。那个领了2000两的人也不甘平庸，他也照样另赚了2000两银子。但那个领了1000两银子的人却把主人的银子埋了起来。

几个月的时间一晃而过，主人回来了。主人同时也从国外给仆人们带来了很好的礼物，在给他们礼物的时候，这个人问他们："在我离开家的这段时间里，你们过得如何？"听主人如此说，那个领了5000两银子的人回到自己的屋子里给主人取来了10000两银子，并且说道："主人啊，这些钱是你交给我5000两银子，然后我用它又赚了5000两，总共10000两银子，我现在交给你。"

主人听了领了5000两银子的人话，说道："好，你这又善良又忠心的仆人，你在较多的事上有忠心，我要派你去管理许多事，你可以进来享受你主人的快乐。"

那个领了2000两的人见此情景，也急忙跑到自己的屋子里把钱拿了出来，并说道："主人啊，这是你交给我的2000两银子，请看，我又赚了2000两，总共4000两银子。"

主人抬头看了看他说："好，你这善良又忠心的仆人，你在不多的事上有忠心，我要派你去管理许多事，你可以进来享受你主人的快乐。"

主人说完这句话之后，回头望着那个领了1000两银子的人，这个人也急忙回到屋里拿了把铁镐，到他埋钱的地方把钱刨出来，然后回来对主人说道："主人啊，我知道你是个要强的人，没有种的地方要收割，没有散的地方要聚敛，我就害怕，于是就把你给我的1000两银子埋藏在地里。请看，你原来的银子在这里。"

主人听完这个人的回答，真是哭笑不得，只好说道："你这又恶又懒的仆人，你既然知道我没有种的地方要收割，没有散的地方要聚敛，就应该把我的银子给兑换银钱的人，等到我回来的时候，也可以连本带利收回。"

主人说完这句话之后，就生气地从他的手里把1000两银子拿了过来，然后分给那两个分别赚5000两和2000两的人，让他们去打点。主人在交钱的过程中还说道："因为凡有的，还要加给他，叫他有余；没有的，连他所有的也要夺过来。"主人说完这句话之后，把那个没有钱的人赶了出去。

这个可怜的仆人被赶出去之后，心里还很不服气，嘴里不停地说："我又没丢失主人给的一个钱，他应该赏我，为什么把我赶了出来？"在这个人看来，自己虽然没有使钱增值，但也没有使钱丢失，就算完成任务了。然而他的主人却并不这么认为，他希望他的仆人能够优秀一些，而不是让他的仆人顺其自然。他想让他们超越平庸，追求卓越。其中有两个仆人做到了——他们使他的钱增值了，而那个愚蠢的仆人得过且过，没有任何作为。也许在我们的一生中，我们能够遇到很多这种态度的人。

我们要认为自己的工作是最好的。把自己的工作当成自己最喜欢的并且乐在其中的使命来做，就能发掘自己特有的能力。其中最重要的是能保持一种积极的心态，即使是辛苦枯燥的工作，也能从中感受到价值，在你完成使命的同时，会发现成功之芽正在萌发。

职业是成功的基石

职场中人，看清楚工作的本质是非常必要的。有人说："做自己喜欢做的事就会很快乐。"可你要知道，如果总是在做自己喜欢做的事，你也就很难突破了。别奢望在职场的每一天都会快乐，毕竟你是在谋生而不是在游玩。要是真的有那么多快乐，你的老板就不必付你薪水，还应该向你收取门票。

"做必须做的事，投入其中，并试着去喜欢它。"这是职业化的所作所为，也是快乐生存的策略。

为此，哈佛大学曾经对《财富》前100强企业的CEO做了相关的调查研究，试图寻找使他们取得成功的原因。研究的结果令人惊讶：接受调查的700个人里，因为专业技能超越别人而获得成功的只占15%，而另外的85%则是因为他们的职业观念和工作态度获得成功。

哈佛大学紧接着就反省自己的教育体系，结果发现：人们通常花掉了80%的时间和精力去提升自己的专业技能，而对于观念态度的投入只有20%。换句话说，很多人没有使对劲，反而在"勤勤恳恳"地走向失败。这就难怪为什么成人教育机构那么多，而能获得职业成就的人却又那么少了。

另外，职业化态度之所以能够获得普遍认可，是因为越来越多的管理者发现，很多"团队白痴"虽然受过高等教育，可思维方式、待人处世和行为言谈却如同低能者，如果任其发展，迟早会让整个组织变成"白痴团队"的。因此，除了学历、证书、技能之外，职业化态度正在成为职业竞争力最为重要的部分，被越来越多的公司作为评判员工是否优秀的基本要素。

职业化是一个在企业中比较多的被讨论的话题。有人极力推荐，乃至提出"不职业化就没有价值"的论点；也有人以各种国有特色为由，或因一些"职业经理"的不良表现，而对职业化或直接，或委婉地发出不同的质疑，甚至明确的抵制。

职业化到底意味着什么？这条路是否是企业发展的必然选择？

职业化不止只是人的职业化，也包括了企业的职业化。两者是互为因果的关系。没有企业的决策层的职业化意识，企业就不会必然地走向职业化的方向，员工的职业化也无从谈起；反过来，只有有了员工的职业化基础，企业才能真正地成为一个职业化的企业。

职业化，在本质上是一种标准化。是在现代市场经济环境下，按照社会产业、价值创造分工，社会对从业人员的基本特质，如道德、素质和技能等，及企业基本特质，如基本管理过程等的标准化要求。

市场经济的竞争核心是效率，而效率的基础便是标准化：部件的标准化，产品的标准化，流程的标准化，乃至人和企业的标准化。现代经济所强调的个性化，也是在高度标准化的基础上实现的。不建立在标准化基础上的个性化，只能是低效率的小农经济，绝不会是建立在高度专业化分工基础上的高效率的现代经济。

在市场经济条件下，员工不是可以为企业随意支配使用的不动产，而是在社会上自由流动的资源。如果一个企业需要的人的基本的特质，不是社会普遍的要求，那么这个企业在获取、培养、发展和使用人力资源的过程中，必然要付出比职业化的企业更高的代价。而且这些人的实际工作效率也难以保证。这就好像我们要造一辆汽车，但使用的螺丝钉等基本的部件都不是标准件，完全要自己设计加工。显而易见，这样的汽车在市场上不太会有竞争力。所以，在现代市场经济环境下，职业化是企业必须走的一条路，不论这个过程有多漫长，不论我们有什么样的拒绝它的理由。

从另外一个角度看，非职业化的企业的员工，离开企业走上社会后，其价值和生存能力也会出现问题。在这个意义上讲，非职业化的企业对员工是不够负责任的。

当然也会有例外。当一个企业需要的个性化人才能够为其创造出超值的价值的时候，企业便会自己培养、获取个性化而非职业化的人才。不过这种情况比较少见。

就个人来讲，职业化包括四个方面的内容：自己的明确的职业定位、职业道德、职业素质和职业技能。

对于企业而言，职业化也包括四个方面的内容：企业在社会价值循环中的明确定位、职业道德、职业化的管理体系以及职业化的业务运作方式。

职业化是社会发展的必然，社会的基本运行规律也决定了职业化的内涵。现代社会的主要经济生活，可以简单地概括为在法制社会中，自愿的基于契约的价值交换过程。

所以，个人的职业道德，首先不可缺少的要素应该是法治精神，即法律、游戏规则面前人人平等的自觉性；自觉遵守游戏规则的基本意识；以及在游戏规则出现问题时，通过"立法"的程序去修改规则，而不是用各种理由去违反游戏规则的行为准则。游戏规则的严肃性，是现代商品社会正常运行的基础。如果失去这个基础，企业乃至社会都会陷入混乱，最终导致个人的利益也无法得到保证。

个人职业道德的第二个要素便是信守契约、承诺。员工和企业，社会中各个法律实体之间，本质上都是契约关系。信守契约和承诺，是保证企业正常运行和社会生活正常开展的最为基本的条件。在现代法制社会中，契约关系是最平等的关系。一个人有充分的自由拒绝接受一个契约和做出承诺，但是却没有随意违反自己接受契约和做出承诺的自由。那样做，你可能要受到法律的惩罚，至少将被公认为"缺德"。

职业道德，还意味着一个人要清醒地认识到他必须接受社会价值体系的评判，而不是自己关起门来自说自话，然后向企业或他人去漫天要价。价值只有在交换的过程中才能实现，而在现代社会中，交换必然是个社会化的行为。

在职业道德方面，另外一个比较常见的问题是公私不分，特别是在一个人掌握了一定的权力以后。

职业素质，是比道德要更为表层一些的行为准则。

团队精神自然是职业素质中最重要的一个要素。目前有很多团队建设的培训课程在开展，其中不乏用一些简单的有启发性的游戏来教育大家。但是事实上，对于成年人来说，并不存在理解什么是团队精神，以及团队精神的重要意义方面的困难。真正的问题在于我们是否能够让企业的员工，在真实的实际工作当中，在各种现实利益的漩涡里，真正能够不断地认识到团队的成员所拥有的共同利益，并且在个人的兴趣利益和团队成员的共同的利益发生冲突的时候，能够理性地面对并合理地处理这些冲突和矛盾。脱离对真实的现实工作中的团队成员的共同利益的认同和理解，团队建设只能成为道德说教，而变得苍白无力，或者成为儿童化的游戏。

另外一个影响团队建设的重要因素是人的性格和情绪。这也是一个无法用培训和说教就能在短期内解决的问题。俗话说，"江山易改，本性难移"。人的性格和情绪反应方式都是多年形成的，而且还与社会整体的文化有关系。消除这方面的负面因素，是需要个人和整个团队长期的努力的。

与团队精神相关的另外一个职业素质是，在工作中，员工应该有足够的自制力，不让自己的个人喜好和感情等个人因素对工作造成负面的影响。没有任何一个企业，可以保证它所提供的工作是能够永远让员工满足自己个人喜好和感情的。但是，企业和员工之间的契约，要求员工在任职期间有基本的正常工作表现。

开放的心态，毫无疑问地是现代企业员工所必须拥有的一个基本素质。开放的必要性不言而喻，但是做起来的时候，还是会有很多的问题。如果我们能够经常反省自己，我们或许会有更多的改变。当我们在做自己非常熟悉的工作的时候，也许在这方面我们是公认的一流高手，但是我们是否还能够自觉主动地去听取一下别人的意见？许多优秀的人和企业都是在"NO.1"的梦幻中走向死亡的；在遇到不同意见的时候，甚至是明显的"错误"意见的时候，我们是否也能够静下心来，认真地想一想，认真地问一问，对方提出这个意见背后到底有哪些原因和理由？也许对方的意见确实是错的，但是明白了对方提出意见背后的原因和理由，我们或许能从中学到一些我们不曾理解的有价值的东西；我们在做事的时候，是否自觉地采用了社会共同的价值标准，而不是在自说自话？

实事求是，能够公正地对待自己和别人的工作成绩或问题，不因个人的利益或其他的原因，去歪曲事实，这也是一种基本的职业素质。缺少了这一点，企业的管理者，对于一个问题，甚至是一个非常简单的问题，都将会面对众多的人，从不同的立场出发，讲的或真或假，半真半假的不同的版本的"故事"。在这样的文化环境中，企业是不太可能健康成长的。

"不在其位，不谋其政。"这句中国的古话，其实也是一种非常基本也非常重要的职业素质。在中国的企业中，这种情况相当普遍：老总们在费尽心机思考下属工作中的"规律"，甚至乐在其中地自认为比下属还精通其工作。而自己真正应该关心的那一层管理上的事情，并没有真正弄明白。由此给企业带来的隐性损失，难以估量。

因为老总们的工作，是要影响全局的；而企业的员工，看着老总们做的事，总认为不对。出于对企业命运的"负责"，他们不停地给老总们出主意、想办法，自认为比老总们更高明。可是自己的本职工作做得不见得有多好，使得企业的一些基本的动作总是不能到位。错位，是企业组织效能低下的一个重要的原因。"小改进，大奖励；大建议，不鼓励"，就是要让企业的员工各归其位，各司其职。"文革"结束以后，中国社会发生的一个根本性转变，就是普通的人不再去盲目地思考和关心"政治大事"，不再去自以为是地以"解放全人类"为己任，而是开始回归到自己在社会中应该扮演好的角色。正是有效地各司其职，才有中国后来经济的高速发展。

在现代开放竞争的环境中，职业化对于个人而言，是其获得社会承认，实现个人社会价值和成就一番事业的基础；对于企业来讲，职业化是保证企业的效率和持续稳定发展的必备条件，在很多情况下，也是企业参与竞争的一种资质。比如ISO9000认证，本质上就是企业的职业化，同时也是一种竞争资格。

在中国，职业化在企业中是存在不少的争议的。有人甚至把职业化管理，与人性化完全对立起来；也有人把职业化与不负责任混为一谈。如前所述，不论我们是否喜欢，职业化都是我们必须面对的现实。而职业化，可以说是在现代社会环境下，企业对员工负责任的根本的保证。

当然企业与员工之间的相互责任，只是有限责任。这或许是在中国这个文化环境中，大家接受职业化遇到困难的一个重要的原因。但是有限责任，也是一个我们无法拒绝的现代社会的基石之一。

不可否认，职业化与人性有着许多的冲突。人永远的追求便是自由，而职业化却告诉我们不能随心所欲。但是这种冲突，本质上是由人类文明的异化而导致的：如果你想享受现代文明带给你的种种方便和自由，你就必须接受它同时强加于你的各种限制。这种文明的异化，是企业管理的前提，而不是企业管理能够和应该解决的问题。它是社会学家、政治家和哲学家们应该思考的事情。

树立职业信仰

作为一名员工，我们一定要在安静的时候扪心自问，我们所从事的职业是不是自己喜爱的职业。如果不是，就应该趁早转行，如果是，就应该对职业存虔敬之心。在公司中也是如此，一个人如果不喜欢自己的职业，他们就会找很多借口来逃避工作，这不仅说明他对自己不负责任，更说明他是一个对社会也不负责任的员工。因为只有对自己负起责任来，才能够对社会负责任，才能树立起自己的职业信仰。

赵虹大学毕业后为了生计，做了一名银行职员，但工作一年后，发现自己干这个工作老是心不在焉，而且始终只是把这个工作看作是谋生的手段——也就是为了月底那点并不微薄的薪水。在安静的时候，她问了问自己，发现自己并不热爱这个工作，虽然这个工作能给她带来富裕，但是，她早年的梦想和内心崇尚的是做一名社区工作者，这个职业工资不高，但能给她带来助人为乐的荣誉和赞扬，带来与人交往的乐趣。于是，经过一番思想斗争后，她毅然选择做了一名社区工作者，为社区公民排忧解难。她非常投入，每天几乎没有上下班之分，她运用了自己的全部才华和潜能，工作干得非常出色。在干了社区工作10年之后，她当选为区人大代表，她为民众办事的理想获得了进一步的拓展，她的职业也获得了更大荣耀和发展。

正是赵虹的职业发展，使我想起了一个人的工作就是付出努力以达到自己的目的。最令人满意的工作就是使我们的工作向我们认为能表现自己的才能和性格的方向努力。同时我也感受到，一个人在他所取得成功的背后，必然存在着一种无形的精神力量。而职业信仰就是这个人进取有为、勤奋敬业的精神力量。正因为这样，从而才推动了整个社会的快速发展。

从工作的本质而言，工作不是我们为了谋生才做的事，工作代表一种终生的义务。一种确定的工作领域，也包含了人们对它的肯定评价，甚至包含着自我价值的实现。在那些具有使命感的人看来，工作就是要用生命去做的事，它不存在贵贱之分，自己的工作就是最好的。既然我们的上司为我们每个人安排了一个职业，就必须坚守各自的工作岗位，努力劳作。总之，职业是我们赖以生存、赖以实现自我的一种方式，我们要以我们拥有神圣的工作而感到荣耀。

爱默生曾经说过："每个人都是天使。"我们如何来理解这句话呢？现在我就给大家讲个故事来加以说明吧！

这个故事讲的是有一位演讲大师说每个人都是从天而降的天使，活在世界上的每个人都要利用上苍给予的独特恩赐，去发挥自己最大的潜能。当即就有人指着自己的塌鼻子反问道，难道天使也有塌鼻子吗？另外一位可爱的女士也附和道，我的短腿不会也是上苍的创造吧！

这位演讲大师微笑着回答说："上苍的创造是完美的，你们也确实是从天而降的天使，只不过……"他指着塌鼻子的先生说："你从天而降，但让鼻子先着地了。"他又指了指短腿的女士："你从天而降时，忘记打开降落伞了！"

的确，每个人都是天使，我们不要因为在降落过程的失误而忘记了人生旅程的目标是传播爱和快乐。上苍为每一个人关掉一扇门的时候，总是打开了另一扇门。

这正如马林先生在《再努力一点》这本书中所指出的一样：人只有努力地工作，才能确证自己的人生价值。毕竟实现人生价值是我们渴望成功的基础。这就像一位哲人所说，有什么样的决定，就会造成什么样的命运，而主宰我们做出不同决定的关键因素就是个人的价值观。一个人要想成为社会上的领导人物，他就必须清楚知道自己的价值观，同时确实按照这个价值观过一生。社会阶层的各类精英人士，不管是职业人士、企业家或是教育家，在他们的专业领域能有杰出成就，全是因为能够发扬光大所持的价值观所致。

如果我们不知道自己人生中什么是最重要的，如果不知道什么价值观是我们应该坚持的，我们就不能对所从事的职业充满信心和兴趣。如果我们不知道该建立什么样的成功基础，就不能知道用真挚、乐观的精神和不屈不挠的毅力去克服困难，以此用这些要素来当作自己走向成功的基石。因此，无论我们将来所从事的是什么职业，都要用全部的热忱去努力。只要我们努力了，我们才能这样说，"成功面前没有可能，也来不得半点虚假。一个勤奋敬业的人也许并不能获得上司的赏识，但至少可以获得他人的尊重。受人尊重会获得更多的自尊心和自信心。不论你的工资多么低，不论你的老板多么不器重你，只要你能忠于职守，毫不吝惜地投入自己的精力和热情，渐渐地你会为自己的工作感到骄傲和自豪，就会赢得他人的尊重。以主人翁和胜利者的心态去对待工作，工作自然而然地就能做得更好。一个对工作不负责任的人，往往是一个缺乏自信的人，也是一个无法体会快乐真谛的人。"

由此可以看出，一个没有职业信仰的人是不会有好结果的。他们在快乐中工作着，最终还是过着并不幸福的生活。在我们的工作中，一定遇到过棘手的情况，可是面对这样的事情时，却迟迟下不了决心，这是为什么呢？这其中的原因则是我们不清楚这些事情的本质是什么，不明白如果采取措施去处理，想要得到的价值是什么。这就说明，我们的一切决定都在于我们是否拥有清楚的价值观。

这正像《尊重自己的工作》一书中写的："归根到底，我们的工作也就是在为实现自己的价值观而奋斗。为什么这么说呢？因为工作本身也是实现人生目的的一种方式。最理想的职业人生应该是兴趣、技能和意义的结合，而金钱或者是名声、地位都不在评价标准之中。很多时候，不缺少，不失去，我们就无法感知拥有的价值，工作也同样如此，这是我们要完成的个人在现实社会里所处地位赋予他的责任和义务。"

培养职业竞争力

在很多年轻人看来，只有那些公务员、银行职员，或者是跨国公司的白领人士所从事的工作才是充满竞争力的。正因为他们有了这样的认识，所以他们在工作岗位上没有激情，对自己的工作不知道如何去做。即使是有一些人不惜投入大量的时间，想尽各种办法，通过不同的渠道去谋求一个公务员的职位，但心里还有着其他的想法，还是达不到上司对自己工作的要求。

事实上，只要我们培养起自己的职业竞争力，无论你从事什么样的工作，完全可以通过自身的努力，在现实的工作中找到自己的位置，发现自己的价值。想想看，如果一个人花在影响未来命运的工作选择上的精力，竟比花在购买一件物品上所花费的精力要少得多，你说你能做好工作吗？如果你在这样的情况下还能够把工作做好，这就是令人非常奇怪的事了。当一个人未来的幸福和富足全部依赖于这份工作时，更加能够体现出这份工作的重要性。有很多刚踏上工作岗位的人，他们对自己所从事的职业不知道如何做，也不知道自己真正想做什么，于是他们变得非常浮躁。他们在刚刚参加工作的时候总是野心勃勃，充满玫瑰般的梦想，但是工作了一段时间后，他们却没能取得什么成就，于是变得沮丧和颓废，甚至麻木不仁。

因此，一个人在培养自己的职业竞争力时，就要为自己的职业做出三项最重要的决定，而且这项决定将深深地改变你的一生，将会对你的工资收入、身心健康、幸福以及人生意义产生巨大的影响。当然，在这个时候，你现在工作中还没有处于安排别人位置的地位。实际上，你可能在考虑自己的问题，我怎么才能找到自己合适的环境？我如何才能培养起自己的职业竞争力？如果你真是这样想的话，我可以为你提供以下建议。

完全感：

一位企业管理者说得非常好："能力再强也不能代替安全感。"如果总处于没有安全感的状态，你将会失去灵活性，很难做出改变，也无法在变化中成长。

了解自己：

如果不了解自己的优势和劣势，就不可能找到安身立命的位置。花些时间去检验一下自己的天分，也请别人给一些反馈，然后采取行动，移除个人盲点。

相信领导：

好的领导者会帮你走上正确的方向。如果你不相信领导，那么就找其他导师获得帮助吧。或者，加入另一个团队。

看到宏观远景：

只有以团队的宏观远景为背景，你在团队中的位置才有意义。如果你寻求位置的动机只是个人得失，那么这种糟糕的动机可能会让你无法发现自己的真正追求。

依靠自己的经验：

在你面对自己的真正位置时，唯一的验证方法就是亲身尝试，然后从你的成功与失败中得到启示。当发现你的安身立命之所时，你的心灵就会歌唱起来。也就是说，对你而言，没有一个地方能像这个地方一样如此接近你的追求，那么，就是这里了。

从上面的建议可以看出，在你从事一项工作时，最好对自己的职业生涯有个清楚的认识，然后明白领导对你的期望值。如果你是管理者，就要率领团队达成目标，让他们看到你的能力，并让他们对你有一种依赖感，就好像与你在一起，什么困难都能战胜，什么障碍都能克服。要是你还能训练员工、激励员工、营造高效的工作氛围，那就可以身兼领队、教练和队长的角色了，自然就是物超所值。想一想，做老板的通常会选择哪一种人？尤其是在今天的职业竞争力已经从学历、能力朝着更广阔的领域在延伸时，心智的发展要是落后于那些看得见的标准，那么个人的成长也将是歪斜的，靠这种残缺的竞争力去争取职业保障，说句实话，你真的有信心吗？

在竞争异常激烈的今天，我们要想找到一个非常好的工作，要想获得高额回报并且甩开竞争者，就得提高产品和服务的附加值。这条规则在职场同样有效，许多职场人士所提倡的拿多少钱做多少事的年代早就过去了。为什么这样说呢？因为在过去的岁月里，许多人工作的目的是为了获得一份薪水，他们这样想的：我为老板工作，老板付给我工资，这是等价交换，很公平。如果老板付给我的少，我就干得少，没必要费心地去完成每一个任务。我不会白拿老板的钱，我只要对得起我那份薪水就行了，超出薪水之外的工作与我无关，我不会蠢到去做无用功。

作为工作中的人来说，被老板"剥削"的滋味当然不好受，且令人憋气，高呼"王侯将相，宁有种乎"，这也可以理解。但是，我们不妨换个角度来看这个问题，如果没有人来"剥削"你，那就意味着没人用你，你愿意看到这种局面吗？市场经济就像自然界一般，有羊有狼，狼就是吃羊的，或者说，羊生来就是被狼吃的，天经地义，毋庸置疑。在市场经济条件下，老板就是"剥削"员工，"剥削"他人的，这是一方面；另一方面，市场经济是天生平等派，它给予每个人"剥削"别人的机会。光埋怨老板是不能改变这个自然法则的，也不能解决什么问题。

如果我们觉得自己忍受不了这种过分的工作，也不想再遭受别人"剥削"，当然可以自己当老板，但做这件事情时，我们还要掂量一下自己的实力和周围的社会环境。否则，我们可能是竹篮打水一场空，情况严重的话还可能是"赔了夫人又折兵"，钱没赚到，反倒背了一大堆债。所以说，所谓老板在"剥削"员工的这种说法，在很大程度上讲，是不成立的、不正确的。老板出钱办公司，这是拿他一生奋斗的心血作赌注，他必须承受各方面的风险和压力。而打工者则不需要承担太多风险，一般都能旱涝保收。

当然，如果我们想做个高级打工者，或者高级经理人，就要端正心态，正确对待老板与员工之间的关系。在这种情况下，我们必须明白，老板"剥削"我们，其实就是因为我们有利用价值。只有我们在被老板用的过程中，我们的社会价值才能体现出来，自我价值才能彰显出来。换句话就是，我们欲要求上进，就要尽力去争取被老板"剥削"的资格，这样，才能充分发挥你的价值。

但是，我们也不能排斥，在我们的工作中，有很多员工由于受被老板"剥削"的思想所影响，他们往往不尊重自己的工作，他们不把自己的工作看成创造事业的要素和发展人格的工具，而视为衣食住行的供给者，认为工作是生活的代价，是不可避免的劳碌，这是多么错误的观念啊！常常抱怨工作的人，终其一生，绝不会有真正的成功。如果某人做某事的时候，感到受了束缚，感到所做的工作劳碌辛苦，没有任何趣味可言，那么他决不会做出伟大的成就。

不过，到了现在，竞争迫使我们不得不去思考自己的附加值是什么，这是好事情。

把职业当成事业，这是优秀员工所具备的共同特征。从事卫星上天、计算机研制的科学家们是如此，在平凡岗位上奋发进取的员工亦是如此。这些把职业当事业干的人，都是有远大理想、有崇高追求的人。他们总是能把分内的事做得保质保量，他们从不为没能获得更多的发展空间而困惑。他们能够正确处理平常心与进取心的关系，安心于平凡的岗位，但不甘于平平庸庸度过一生，而要干出一番业绩来奉献社会，回报人民，实现自己的人生价值。他们具有坚强的意志和宽广的胸怀，认准的路就坚定不移走下去，不怕前进道路上的困难和曲折，不断超越自我，努力攀登事业和人生的高峰。

如果你是职员，建议你想一想，除了自己分内的事，你还应该做些什么？对你的老板来说，一个有着更高附加值的员工意味着效率、价值和榜样。而对你来说，它意味着机会、成长和实力。用不着抱怨什么，其实没有什么可以阻挡你，只要你的表现能够超出老板的期望。这样你就能够使自己的事业获得成功。一个员工要在事业上取得成功，就要在工作中树立起高度的责任感，因为责任感可以发挥力量，帮助你把不可能的事业变成可能。

第二章
提升你的职业适应力

　　盲目地说话会让老板失去信任。一个想要有所成就的员工，不仅应该对自己的工作环境和工作任务非常熟悉，而且要熟悉企业的经营战略和发展规划。由于企业的生存环境在不断地发生变化，企业的战略及规划也要根据环境的变化而变化，所以如果不主动获取这些变化的信息，终将落后于公司的发展。一个跟不上企业发展的员工，即使提出了建议，也是没有多大价值和实际意义的。这样的员工不可能得到晋升，因为他已经落伍了，他的存在甚至会影响整个团队。

争做最强员工

业绩是一个企业的生命，每一个企业都把注重业绩当作自己企业文化的重要组成部分，而且把业绩观当作员工的重要素质标准之一。

在GE，业绩在其核心价值观中就占有着十分重要的地位。GE特别重视对员工的业绩观的培训。

新员工进入GE，公司会在员工的入厂教育中，告诉他们：业绩在GE的文化中非常重要。在GE，所有员工无论是来自哈佛大学，还是来自一所不知名的学校，也无论以往在其他公司有着多么出色的工作经历，一旦进入GE，都在同一起跑线上。每个员工都必须重新开始，从进入GE开始，衡量员工的是他在GE的业绩，是为GE所做的贡献，员工现在及今后的表现比他过去的经历更重要。

在IBM，每一个员工工资的涨幅，都以一个关键的参考指标为依据，这个指标就是个人业务承诺计划。只要是IBM的员工，就会有个人业务承诺计划。制订承诺计划是一个互动的过程，员工和直属经理坐下来共同商讨这个计划怎么做更切合实际，几经修改，达成计划。当员工在计划书上签下自己的名字时，其实已经和公司立下了一个一年期的军令状。上司非常清楚员工一年的工作及重点，员工自己对一年的目标也非常明白，所要做的就是立即去执行。

到了年终，直属经理会在员工的军令状上打分，这一评价对于日后的晋升和加薪有很大的影响。当然，直属经理也有个人业务承诺计划，上级经理也会给他打分。这个计划是面向所有人的，谁都不允许搞特殊，都必须按这个规则走。IBM的每一个经理都掌握着一定范围内的打分权，可以分配他领导的小组的工资增长额度，并且有权决定分配额度，具体到每个人给多少。IBM的这种奖励办法很好地体现了其所推崇的"高绩效文化"。

在这个以业绩为主要竞争力的时代，没有能力改善公司业绩，或者不能出色地完成本职工作的员工，是没有资格要求企业给予回馈的，因为这种人恰好是公司打算"去掉"的人选。

每个员工必须学会独立工作，独自去扩展自己的业务范围，必须想方设法节省他人的时间，从而产生效益。现在的竞争环境要求每一个人在企业中不仅能使用共有的助手，还可以直接操作计算机和办公设备，或者委托外围加工和服务公司，过去手下好几个人做的事现在必须自己能够独当一面。办公设备和外围企业就是改变了形式的新时代的下属，应该合理利用这些新资源。现在，一个人必须能够低成本、高质量地完成过去需要好几个人才能完成的工作任务。

提升你的决断力

下属最怕听到上司说："我现在无法决断，我很苦恼，我也没办法。"上司的优柔寡断会使下属张皇失措。

世界上最可怜者莫过于那些举棋不定、犹豫不决的人。一旦有事，第一反应就是找人商量，不信自己，而信他人；不自己决定，而由他人决定。他们忽左忽右，人们常常怀疑他们的办事能力。

有些人甚至不敢决定任何事情，不敢担当任何责任，他们真是优柔寡断得无可救药。为什么他们会这样呢？

因为他们不能确定事情究竟会如何，不能拿主意。他们害怕一旦决定了，明天就会后悔，因为明天或许会发生更美好的事情。他们当然怀疑自己还有做大事的能力。如此蹉跎，许多近乎发明创造的绝妙想法消失了，离成功总是那么遥远。

当然，做事果断、行动迅速的人也不免会有错误，但比之那些简直不敢着手做任何一件事，做事时又处处小心、畏首畏尾的人要强得多。

可见，对于渴望成功的人来说，优柔寡断、畏首畏尾绝对是一个劲敌，我们一定要将它击得粉碎，在它还没有损毁我们的能力、阻碍我们抓住机会之前，别等待，别犹豫，今天这一刻就开始干，决不等到明天。我们要强迫自己时时刻刻坚决果断、行动迅速，并把它培养成你的性格，永远抛弃优柔寡断。

当然，我们并不欢迎办事草率。对于复杂的事情，在我们做出决策之前，必须要从多角度、多层次上进行思考，充分利用我们的知识和经验，然后拿定主意，就绝不改变，绝不走回头路，绝不留余地，坚决不要后路。

只有在这样的训练中，我们才会逐渐形成果断的性格，提高自信，也博得他人的信任。当然，在开始时肯定会发生很多决策错误的事情，但不要紧，因为用这些错误换来的果断和自信的性格，远比那些错误带来的后果重要得多。

有一个叫彼得的人，他总是不愿把事情做完。他做任何事情，都会留有余地以避免后悔或重新规划。他给人写信，不到最后一刻，决不封口，他怕自己突然想起什么又要改动。他常常会在封口贴邮，准备投筒时突然跑回去，拆开信封进行修改。有一件事，认识他的人都还记得。一天他刚给人寄过去了一封信，然后又拍了份电报过去，让对方千万别拆信马上寄回来。其实他是一个很友善的人，还是个社会名流，他在很多方面都表现得十分优秀，但单这一个优柔寡断的不良习惯，就使很多人不信任他，他的朋友们也无不为他感到惋惜。

还有一位女士，是个受人们尊重的人，也有和上面这位老兄一样的弱点。当她买一件商品的时候，如果不把全城所有商场跑遍，绝不下决心。她每进一家店铺，就要瞧遍所有的柜台，转遍每个角落。她察看商品时，总是仔细到无以复加的地步，看过一件又一件，仍是心中茫然，不知哪件好。觉得这件颜色有点土，那件式样有点老，就是不知哪件好。她问问题也是零碎仔细而且会重复，连店员都很烦。到最后，往往一样东西不买，逛了一天，空手而回。

她想买一件暖和的衣服，既不能看起来臃肿，也不能太闷热；她还想买这样一件衣服，夏天要能穿，冬天也能穿，高山上能穿，海滩上也要能穿，去做礼拜能穿，去看电影能穿。她怀着这么多互相矛盾的要求，不知她上哪买去？有时买了一件，也总是不放心，它真的不错吗？我要不要先和家人商量一下，要不合适再来换？一般她买东西，都会调换两三回，最终还是不满意。

这样的一种左右不定、犹豫不决，对于一个想成功的人来说是致命的弱点。有此弱点的人，绝不可能是有恒心、有毅力的人。这种性格缺陷，完全会摧毁我们的身心，降低我们的判断力，对我们的意志力有很大的损害。

一个人的才能与果断的决策有着密切的关系，如果缺乏这种性格特点，那这个人的一生，就像一艘浮于海面却永远也找不准航向的小船。

在众人面前不要为一些小事犹豫不定，费尽脑筋，从而给人留下优柔寡断的印象。你可以私下里对一些细节仔细考虑，但在别人面前一定要表现得果断、坚决。

不要对你果断的行为或言词感到内疚或后悔。如果你原来给人的感觉是逆来顺受的，当你突然尝试果断的时候，熟悉你的人肯定会不习惯，有些人可能会觉得受到伤害，但你不要为自己的态度或行为内疚或后悔，让他们慢慢习惯好了。

　　如果你在工作、生活或学习上由优柔寡断逐渐变得果断，你将会获得更多的自尊，将会变得越来越自信，也会获得更多成功的机会。

不要拖延

如果一位列车长的表走慢了几分钟，那么就会发生可怕的交通事故；如果一个资产雄厚的一流企业不积极进行资金流动，它可能很快就会倒闭；如果送缓刑判决的信使迟到了几分钟，那么很可能就会绞死一个平白无故的人；如果一个人停住脚步去听一个无聊透顶的故事，那么他就有可能误了火车或者汽船。

"刻不容缓，信差，刻不容缓！你的生命刻不容缓！"这是英国亨利八世写在一幅画上的话，画上有一个挂在绞刑架上的信差。当时没有邮局，信由政府的信差投递，如果他们在路上耽误了，那么他们就会被绞死。

延误会带来危险的后果。

当凯撒大帝到达元老院后，延误读那封信使他付出了生命的代价。当信使带来消息说华盛顿正跨过特拉华时，特伦顿的黑森人指挥官拉尔上校正在打牌，他将信毫不在意地放进口袋，直至打完牌才拿出来看，当时他只能集合他的人去送死，然后使他的部队沦为囚徒。仅仅是耽误了几分钟，他便失去了荣誉、自由和生命！

每个成功的人都要经历那种关键时刻，在那个时刻如果稍显犹豫或者略微退缩，你就将失去一切。

拿破仑曾一再强调"时间至上"，他认为在每场战争中都要"偷取时间"，谁做到了就可以获胜，而谁犹豫不决的话就要失败。他说他打败了奥地利人，因为他们不知道一分钟的价值；而正是那个致命的早晨，他和格鲁希耽误了一小会儿便使他在滑铁卢最终败北。布鲁切准时到达了，而格鲁希却迟到了。有一个很出名的道理就是：在任何时候都能做的事，在什么时候也做不了，这差不多已经上升到真理的高度了。

伦敦非洲协会想送旅行家雷德亚德去非洲，问他什么时候可以准备出发，他回答说："明天早上。"当问约翰·杰维斯什么时候可以加入他的船队时，约翰杰维斯回答："马上。"科林坎贝尔被任命为驻印度军队司令，当问他什么时候可以动身去就任时，他毫不犹豫地回答："明天。"

精力在今天的虚度中白白浪费掉，而明天却常常要做今天该做的事，那些延期的事情却实在不该。本来在当时可以非常愉快甚至可以充满热情地完成的一件事，拖了几天或几个星期后，它就变成了一件苦差事了。在收到信后，如果不立马回信，那么以后就要为此发愁了。许多大公司规定：信件不可以拖到第二天才回复。

及时办事可以消除所有的苦差，而拖拖拉拉经常意味着放弃这件事，"我将开始工作了"其实就是"我不想做"。做事情就像在播种：如果不及时地做，就会永远错过季节。如果耽误了播种，就算是一个漫长的夏天也不可能让果实长成熟。如果某颗恒星或者行星延误了一秒钟，它将扰乱整个宇宙的秩序。

玛丽亚·埃奇沃斯曾说过："没有什么时候能与现在相比，不仅如此，你的力量和精力都存在于现在。决不要寄希望于一个不立刻实施其决心的人在以后会有什么表现，这种人只会终日匆匆而无所作为，或者陷入懒散堕落的泥沼。"

威廉·古伯特曾说他的成就更多要归功于那种"时刻准备战斗"的精神，而非自身的天分。他说："这种非凡的精神来源于军旅生活，如果我需要在2点钟上岗执勤，那么我会在1点钟就准备好，我从不让任何人或者任何事多等我1分钟。"

有人曾问沃尔特罗利爵士："你怎么可以在这么短的时间内就能成就如此非凡的伟业？"他回答说："当我需要做某件事情的时候，我就会马上去做。"那些总是及时行动的人将会成功，即使他偶尔也会犯点小错；而那些拖拖拉拉的人，就算有较好的判断能力，他也会一事无成。

有人问一位法国政治家，他是怎样做完这么多工作，而同时又尽了他的社会义务的。这位政治家说："我只不过是将今天的事情在今天之内完成，而从不拖到明天。"

而另一位失败的公务人员说他曾经反其道而行之，他的至理格言是"决不要在今天完成那些可以拖到明天的事"。那种与亲戚朋友的无聊聚会每次都要浪费掉很多时间，有多少人就是这样白白消磨了他们的成功机会！

有人曾说："'及时'是一种传染性的激情。"不管是一种激情还是一种能力，它都是文明的实质所在。

有一种东西几乎和婚姻关系同样庄重，那就是预约。如果一个人没有按预约去做，除非他有充分的理由来说明这一切，不然的话整个世界就会将他视为说谎者。

霍勒斯·格里利曾说："如果一个人不把其他人的时间当回事儿，他为什么不应该付钱给别人？占据别人的时间与从别人那里偷走金钱有什么区别？对于很多人来说，他的一小时要远比一美元更具价值。"华盛顿总统开始进餐，有时被邀请来白宫赴宴的新秘书会姗姗来迟。当他来跟正在用餐的华盛顿道歉时，华盛顿就说："我的厨师从来不问客人们到齐了没有，他只问时间到了没有。"

他的秘书辩解说，他来迟了是因为他的表慢了，华盛顿则回答："看样子你该换块新表了，或者我该换个秘书了。"

富兰克林身边有一个经常迟到却每次都能编造理由的侍从，富兰克林对他说："我发现一个善于编造理由的人，其实就是个一无是处的人。"

有一次，拿破仑请他的将军们来共进晚餐，但是他们没有准点赴宴，于是拿破仑就一个人开始吃起来。将军们进屋的时候，拿破仑已经吃完离桌了，他说："先生们，晚宴已经结束了，现在让我们马上开始工作吧。"

亚当斯是个永远不会走在时间后面的人。只要亚当斯先生一坐到他的椅子上，参议院主席就知道宣布开会的时间到了。有一次，一个议员说开会的时间到了，另一个议员说："不，亚当斯先生还没来呢。"后来才发现，原来钟快了一分钟。一分钟后，亚当斯先生准时到达了会场。

韦伯斯特在中学和大学期间就从不迟到，在法院、国会以及在社会工作中也非常守时。

尽管霍勒斯格里利过着一种极度忙碌的生活，他还是保证每次预约都不迟到，当很多人正在悠闲自得地聊着天的时候，这位编辑已经完成了《论坛》中很多文笔犀利的文章了。

准时是工作的灵魂，就如同简洁是智慧的灵魂一样。

在劳伦斯从不允许将这个星期的账单留到下个星期。人们常说准时是一种优雅的礼节，而有的人总是在不停地赶时间：他们总是忙忙碌碌，给你的印象是他们就要赶不上火车了。他们缺乏方法，而且少有作为。每一个商人都知道一年之中有些时候是关乎命运的，如果你去银行晚了一小会儿，你的账务可能就作废了，而且你的信用也将从此被毁。

"噢，我是多么欣赏一个总是守时的孩子啊！"赫伯特年经商的过程中，阿莫斯查尔斯布朗这样说，"你很快就会发现他是多么值得信任，而且你还会发现，你会将重大的问题交予他处理！有这种守时习惯的孩子将会做出巨大的贡献，而且经过多年的努力后，他们肯定能够获得成功。"

及时是信心之母，它也会给别人以信任感。事实证明，当我们个人的事处理得井井有条的时候，别人就会对我们的能力有信心。一个守时如约的人能够信守诺言，这种人是值得信任的。

要有放手一搏的勇气

德国哲学家康德说过："在人的心中有一种追求无限和永恒的倾向，这种倾向在理性中的最直观表现就是冒险。"

有一年的国际名酒博览会中，第一次展出了中国名酒茅台，那时茅台酒虽然在中国享有盛名，但是在国际上却还是默默无闻。

展出的名酒都有着美丽高级的包装，茅台酒却因为没有好看的包装，而乏人问津。

展览会眼看就要结束了，经过展示茅台摊位的来宾，却都是看一眼就匆匆地离开，负责展示的人员因为无法向上级交差，心里愈来愈急。

这时一位展示人员灵机一动，"失手"打破了一瓶茅台酒，顿时场内香气四溢，许多来宾闻香而来，不多时，摊位上就集聚了大批观众。

也因此，在这一次展览会中，展览的中国酒厂接到了大批的订单。从此，茅台酒在国际上有了市场。

成功往往需要孤注一掷的勇气，有勇气的人才能享受成功带来的喜悦。至于如何趋利避害，以最小的投入换取最大的利益，则是个技巧问题。

遭受某种不幸或挫折，人们常常会认为是"命运不佳"或"命中注定"。有了这么一种消极的被动心态，可以想象这种人根本不会看见机会的存在。

机会在哪？机会就在你能否掌握自己的心态，能否过滤掉不当的情绪及思想。若你能很容易调整好你的心态，你就能达到任何你想要追求的目标。

退一步海阔天空。突破尊严，突破控制与牵扯你的思绪，你就能回到自信，回到成功之路。茅台酒的成功推销，正是对不当情绪的摒弃，而用积极心态去放手一搏的成果。

冒险可以给你带来一些全新的体验，一些你所未知的领域的体验，可以说冒险的体验正是你生活中进步和快乐的本源，因此对于未知的事物完全不必心怀恐惧，也不必费心做那种无谓的尝试，试图把生活中的方方面面都规划好。如果你想让你的生活丰富多彩的话，那么就让你的生活多一些意外，多一些弹性。事实上，无论是你的工作，还是你的生活，如果总是重复同一个内容，你又怎么能有新的收获呢？你应该清楚，生活并不是可以预先设计的，所以对于不可预知的未来，你没有必要担心惧怕，你应该具有敢为人先的冒险精神，打破你的规矩，突破你的闭锁，去体验冒险给你带来的快乐。就像龙虾和寄居蟹一样。有一天，龙虾与寄居蟹在深海中相遇，寄居蟹看见龙虾正把自己的硬壳脱掉，只露出娇嫩的身躯。寄居蟹非常紧张地说："龙虾，你怎么可以把唯一保护自己身躯的硬壳也放弃呢？难道你不怕有大鱼一口把你吃掉吗？以你现在的情况来看，连急流也会把你冲到岩石去，到时你不死才怪呢。"龙虾气定神闲地回答："谢谢你的关心，但是你不了解，我们龙虾每次成长，都必须先脱掉旧壳，才能生长出更坚固的外壳，现在面对的危险，只是为了将来发展得更好而做出的准备。"寄居蟹细心思量一下，自己整天只找可以避居的地方，而没有想过如何令自己成长得更强壮，整天在别人的庇护之下，难怪永远都没有自己的发展。

IBM在创立初期，公司就极其青睐和重用具有"野鸭精神"的人才。创始人沃森强调："对于提升那些我并不喜欢但却有真才的人，我从不犹豫……我所寻找的就是那些个性强烈、有点野性以及直言不讳，似乎令人不愉快的人。如果你能在你的周围发掘许多这样的人，并能耐心地听取他们的意见，那你的工作就会处处顺利。"

大部分的人习惯于做一些风险性比较小的工作，但是，往往风险的高低就意味着你所收获的多少。工作和生活永远是变化无穷的，我们每天都可能面临。假如你根本没有仔细想过去冒险，长期下来就会失去斗志，既然有想要成功的欲望，那就要有这样的勇气，敢于承担风险，因为冒险与收获常常是结伴而行的。风险和利润的大小是成正比的，巨大的风险能带来巨大的效益。

险中有夷，危中有利。要想有卓越的成果，就要敢冒风险，冒险意味着离成功更近一步。我们无法预测未知的事物的结果，但不论结果如何，都该冒险。

恐惧是面对未知时的正常反应，恐惧却依然需要冒险，这就是冒险的真谛。冒险者的心态就是：就算不能成功，至少尝试过了。但就是这种心态，造就了他们的成功。不要害怕冒险，任何时候，如果有任何人或事情想要把你击倒，你就顽强撑住，只要对自己有信心，有放心一搏的决心，就采取行动，向前跨出一步。

勇敢地摆脱你的束缚

有家爱尔兰贫民想移民美洲，于是全家人省吃俭用，辛苦劳动三年，终于凑够了去美洲的低等船票。

在船上，他们被安排在下等船舱中住宿，全家人都不敢到甲板上的豪华餐厅就餐。于是整个旅途中，他们只能吃自己带的一些面包和饼干，然后满怀嫉妒地看着甲板上的人吃着各种可口的食物。

旅途快结束时，面包饼干已被吃光了，因为还有两天的路程，父亲只好厚着脸皮去找服务员："先生，求你赏些剩饭吧，我的孩子快饿死了。"

服务员惊奇地说："为什么你们不到餐厅就餐呢？"

父亲有点无可奈何："我们没有多余的钱了。"

"可是它们全是免费提供的呀！"

"你说什么？"父亲尖叫起来，"原来我们的旅途本可以快乐的！"

因为贫穷，这家人放弃了自己的权利，甚至连问一下就餐情况的勇气也没有。是他们自己选择了自己的处境。所以，当我们处于劣势和逆境时，千万不能自卑，否则你就会将改变这一处境的勇气也丢掉了，那么生活就真的不会再有进展了。

束缚、压抑的环境会抑制人的热忱，摧残人的雄心，更会削弱人的能力。在这种环境下，人的大好时光也就被虚度了。到了这种境地，如果还不勇敢打破束缚，还不自信地努力挣脱，必将难以成功。

一个人的天赋要经历许多挫折和不幸才能充分表现出来。这正如钻石，把它从黑暗中释放出来的代价就是雕琢它的身体，让它终显光彩。伟大的生活要靠自己的所有才能，要勇敢地、不惜一切地去挣脱束缚、去除障碍。糟糕的际遇会抑制你体内的潜能，使它不能发挥，这种损失是任何东西都不能弥补的。所以，人们应不惜所有，将自己的潜能天赋发扬光大。

要获得成功，准备的第一件事便是要排除一切限制、阻碍我们的东西，这样才能够自由、和谐发展自己的境界。

许多人受了限制却又不能摆脱，与所谓的大事相比，他们只能做简单的工作。因此可看出阻碍事业成功的因素有两点：一是没有做好第一手准备，二是不能摆脱束缚。

想想，世界上成大事的人很多，他们有着远大的理想、广阔的胸怀、丰富的经验、闪光的智慧，而这些是怎么来的？他们到底有什么力量在支撑自己？

他们会说，唯有奋斗，才能成功，因为他们努力了、奋斗了，有了自由发展的空间，有了坚强的自信，并能够摆脱各种各样的限制，实现自己的理想。

许多人因为缺少教育而在很大程度上受到限制。这些人想重新获得知识发展自己，但是他们认为如今的年纪已不适合再读书，因此没有勇气再学习以弥补自己知识上的缺陷，也因此在知识的束缚下寸步难行。还有一小部分人因为本身的偏见和受到封建迷信思想的影响，他们的性格被扭曲，生命变得狭隘而鄙陋。让人可怜的是他们非常盲目，总自以为是，而不知道自己其实什么都不是。

还有一种束缚是胆怯。很多青年有雄心壮志，他们希望以自己的能力发展自己，相信在广大的世界中有属于自己的一片天地，愿意让生命的价值得到提升，但是他们缺乏自信、害怕失败，而为胆怯所阻碍。

另外一种束缚是在意别人说自己冒险或者自负，其实是在压抑自己、限制自己。这些人除了做确定的事情，其他的便放不开自己的手脚，更不敢向前冲。他们除了等待，就是幻想有一种奇怪的力量让自己变得勇敢，这样很难成功。

思想一旦闭塞，雄心一旦消沉，人的志向因此被吞没，人的希望因此成泡影，前进的动力更因此无影无踪。我们无论在什么情况下，都要尽情地释放自己内心深处强烈而伟大的激情，唯有释放并且运用自己的激情才能挖掘自己的潜力，也才能因此达到成功。

人要有坚强的意志抵制诱惑。巨额薪金、丰厚酬报、显赫地位等一切有利条件便是强烈的诱惑。人不能因为贪婪让自己受到束缚，陷别人于不义、损伤自己的人格和尊严。一个有作为的年轻人，如果行为、言论、思想的自由丧失了，处处受到限制，失去自信，还有什么东西能够补偿呢？任何人都应不惜一切代价来争取生命中的自由。

遵守纪律

在日趋激烈的市场竞争中，一个团队、一个企业，要想成为攻无不克、战无不胜的集体，企业的每个成员都必须严格遵守纪律，谁也不能凌驾于纪律之上。

一个团结协作、富有战斗力和进取心的团队，必定是一个有纪律的团队。同样，一个积极主动、忠诚敬业的员工，也必定是一个具有强烈纪律观念的员工。纪律，永远是忠诚、敬业、创造力和团队精神的基础。对企业而言，没有纪律，便没有了一切。

艾琳·凯在阐述她的做法时说："我每次遇到员工不遵守纪律时，都采取一种与他人十分不同的处理方法。我的第一个行动，是同这个员工商量，采取哪些具体措施以改进工作。我提出建议并规定一个合情合理的期限。这样，也许会获得成功。不过，如果这种努力仍不能奏效，那我必须考虑采取对员工和公司可能都是最好的办法。当我发现一个员工不遵守纪律、工作老出差错时，就决定不要他！因为遵守纪律没商量。"

任何企业的各项规章制度都不能成为摆设，公司常以有效的手段保证其得以贯彻落实，一旦发现有人违规犯戒，就会受到惩处，绝不姑息迁就。纪律对于企业来说具有同样重要的作用，任何一个富有战斗力和进取心的团队，必定是一个有纪律的团队。而这样的一支团队需要的必定是一些积极主动、具有强烈纪律观念的员工。对于企业来说，没有纪律便没有一切。

英特尔公司前总裁格鲁夫的开会方式是：直截了当、果断，而且涵盖一切基本要点。虽然有员工批评他不如前任精明能干，但批评者对于他严格的纪律，掌握契机的毅力，以及卓越的管理能力，均给予很高的评价。在一次会议上，他历数每位经理的过失，竟然博得全体经理起立喝彩。

如果公司没有严格的纪律就会使公司处于松散状态，长此以往，公司会逐渐衰败下去。试想，公司的员工如果想来就来，想走就走，把公司当成旅馆，这样的公司还有前途吗？而且这对员工本身也无任何好处，他会把这种散漫带给客户，造成自身的信用危机。

没有规矩不成方圆，一个正规的公司肯定都会有完善的公司章程，这是维系一个公司正常运作的纽带。严格要求胜于放任自流，管理必然能够卓有成效。可靠的产品质量，良好的服务信誉，是公司管理者平时严格管理的结果。

纪律是事业成功的保证，一个员工只有遵守纪律，才可能在企业中得以生存和发展；一个企业只有拥有遵守纪律的员工，才可能有强大的凝聚力和战斗力，所以无论是企业发展还是个人成功，都需要无条件地、没有任何借口地服从纪律。

作为一名员工，一定要遵守公司的规章制度，因为公司需要严格遵守公司纪律的员工。同时，一个能够遵守公司纪律的员工，必是一个善于自律、自我负责的人。

勇于打破所谓的规则

规则尽管非常重要，可是，如果我们想获得创意，遵守规则就反而成了一种枷锁。创造性思维既要求具有建设性，更要求打破陈规，否则只有一条死胡同可走。经常地反思、检查会使我们的思维流动起来，不会因规则而僵化。

艾科卡1979年到克莱斯勒汽车公司任CEO时，接手的是一个债台高筑的烂摊子。万般无奈之下，艾科卡只好求助于政府，希望能够得到美国政府的担保，以便从银行获得10亿美元贷款，用于克莱斯勒公司发展新型轿车。

这一消息传出后，在整个美国激起了轩然大波，惹出了一片斥责之声。原来，在美国企业界有一个不成文的规矩：依靠外部力量，尤其是依靠政府的帮助来发展经济的做法，是不合乎自由竞争原则的。

面对企业界、舆论界、美国政府和国会的一片斥责反对声，艾科卡并没有气馁，他坚信规则是死的，人是活的，没有什么规则是不能被打破的。他不急不躁，冷静地分析了目前的形势，采取了"分兵合进、各个击破"的战术，耐心地去扫除公共关系上的重重障碍。

首先，他援引了美国人所共知的史实，有根有据地向企业界说明：过去，洛克菲勒公司、全美五大钢铁公司和华盛顿地铁公司都曾先后取得过政府担保的银行贷款，总额高达4097亿美元之巨。而克莱斯勒公司请政府出面担保仅10亿美元贷款的申请，却遭到非议，原因何在？

接着，艾科卡又向舆论界大声疾呼：挽救克莱斯勒公司，正是维护美国的自由企业制度，保护市场竞争。北美只有三家大汽车公司，一旦克莱斯勒公司破产垮台，整个北美市场就将被通用和福特两家公司瓜分垄断。这样一来，美国所引以为自豪的自由竞争精神岂不就荡然无存了吗？

对政府，艾科卡则不卑不亢，提出了言辞温和而骨子里却很强硬的警告。他先是替政府热心地算了一笔账：如果克莱斯勒公司现在破产，那么将有60万工人失业。仅破产的第一年，政府就必须为此支付27亿美元的失业保险金和其他社会福利开销。然后他彬彬有礼地向当时正为财政出现巨额赤字的美国政府发问："您是愿意白白地支付27亿美元呢？还是愿意仅仅出面担个保，帮助克莱斯勒公司向银行借10亿美元的贷款呢？"

对国会议员们，艾科卡的工作更是做得滴水不漏。他为每个国会议员开出一张详细的清单，上面列有该议员所在选区内所有同克莱斯勒公司有经济往来的代销商、供应商的名字，并附有一份如果克莱斯勒公司倒闭将在其选区内产生什么经济后果的分析报告。这样做的实质，是在暗示这些国会议员们：如果是你投票反对政府为克莱斯勒公司担保贷款，那么，你所在选区内就将有若干与克莱斯勒公司有业务关系的选民因此而丢掉工作，而这些失业的选民对剥夺他们工作机会的国会议员必然反感。试问，你的议员席位还会稳固吗？

艾科卡这种"分兵合进、各个击破"的战术，最终收到了奇效：企业界、舆论界的反对派偃旗息鼓，国会那些原先曾激烈反对政府担保的不合作态度也销声匿迹。艾科卡不动声色地化干戈为玉帛，争取到了社会上各个方面对他的支持，终于将他所需要的10亿美元贷款顺利拿到手。

靠着这笔来之不易的贷款，克莱斯勒公司一举开发出了数种新型轿车。

从1982年起，克莱斯勒公司就实现了扭亏为盈，翌年又赚取利润9亿美元，创造了该公司有史以来赢利最高的纪录。克莱斯勒公司由此走上了再度发展的轨道，艾科卡也一举成名，成为美国妇孺皆知的风云人物。

艾科卡是一个真正具有创造力的CEO，他在现有经验行不通时，果断地转换思维方向，另辟蹊径，挑战规则，并有计划、有步骤地鲸吞蚕食了反对意见，迎来了最终的胜利。

如果他一味地遵循规则，或从经验出发，那么克莱斯勒公司就只有一种可能，那就是走向破产！当然，这并不是否定经验与规则，而是让你多方面地考虑问题。否则你就只会陷在一个怪圈里走不出来。

学会举一反三，触类旁通，一直是人类进行创造性思维的重要途径和方式。它给你的想象力和创造力以一个更大的空间，从而达到事半功倍的效果。18世纪60年代初，英国北部卡都布莱克本地区住着一个名叫哈格里沃斯的人，他和妻子一个织布，一个纺纱，以此度日。

有一天，哈格里沃斯的妻子在纺织的时候，不小心把纺车给碰倒了。奇怪的是，纺车上的纺锤从水平变成垂直，立了起来，仍然骨碌碌地转动着。哈格里沃斯就想：原来纺锤立着也能够转动。如果在一个框框中并排立着几个纺锤，用同一个纺轮带动它们，这样不就同时可以纺好几根纱了吗？想到这里，他非常高兴，马上就动手做了一个立式纺锤的纺车，在一个框框上并排安置了8个纺锤，一下子使工作效率提高了8倍。后来，哈格里沃斯用女儿珍妮的名字为之命名，这就是"珍妮纺纱机"的由来。当时，谁也没有想到，这样一个发明，竟然成了"震撼旧世纪基础"的杠杆，孕育了一场震撼整个世界的新的工业革命。

若想成为一名具有创新能力的智者型员工，就不能被经验迷惑，不能被权威误导，不能被规则束缚，要勇敢地张开你思想的双冀，向左、向右、向上、向下，不断地飞翔，总有一个绝佳的创意在某个角落等待你去察觉。只要你不断创新，打破规则，就一定能突破职业生涯中的瓶颈，迎来灿烂的未来。

培养好的职业心境

心境决定环境，心境决定着一个人的工作态度和执行效率。在工作中，一个人只有保证了良好的职业心境，才能取得出色的业绩。

心境决定环境！很多时候确实是这样，心境决定着我们的态度，心境决定着我们的效率。好的心境能提高我们执行的效率，提升我们的业绩。

"不喜欢手头正在做的活儿，所以我跳槽了"，"一年了，我对我的老板受够了，所以想换个工作"……生活中经常听到这样的解释。有些人，每做一段时间就会对手头的工作没有兴趣，觉得乏味、枯燥。

这都是职场新人最容易犯的毛病。

在奥运会上夺得金牌的冠军，接受媒体采访时，说得最多的一句话就是保持平常的心态。的确，在竞技场上保持平常心态，就能超水平发挥，取得意想不到的成绩。在职场中也是如此，只有保持一种良好的心境，才能取得出色的业绩。

实际上，很多人并不是被自己的能力所打败，而是败给了自己无法掌控的事情。在现实生活中，在激烈的竞争形势与强烈的成功欲望的双重压力下，从业者往往会出现焦虑、欢喜、急躁、慌乱、失落、颓废、茫然、百无聊赖等困扰工作的情绪，各种情绪一起发作，常常会让人丧失对自身的定位，变得无所适从，从而大大地影响了个人能力的发挥，使自己的工作能力大打折扣。

因此，我们要使自己在工作中有上佳的表现，首先应使自己能够随时随地保持一种良好的职业心境，对于一名初涉职场的新手来讲，这样做更为重要。

邦迪是麻省理工学院的研究生，毕业后直接进入了埃克森-美孚公司，不久便成为分公司销售经理的候选人。然而，邦迪进入这家公司的第一份工作只是坐在办公室里接听电话、处理文件。虽然毕业于名校，但是由于他从小在农场长大，知道幸福生活来之不易，所以他一直保持着良好的职业心态——干好手头的工作，为明天积累经验。

邦迪从到公司应聘的第一天起，就耐心地做着分内的工作，没有怨言，面试他的人事部官员觉得自己没有选错人，对他的评价很好。一年后，邦迪被派往总部接受培训。如今，他已经是这个跨国公司的一名区域经理了，负责产品的销售和开发。

身在职场，整日周旋在老板与同事之间，如同置身于一个又一个矛盾的漩涡之中，竞争与摩擦在所难免。工作的单调，同事的刁难，排山倒海般的工作安排，使越来越多的人觉得自己的工作难以忍受。事实上，这是错误的职业心态所致。下面我们列出几种常见的错误心态，帮你找到问题的症结所在，帮你找回工作的热情，重塑良好的职业心境。

一般来说，常见的影响情绪的错误职业心态主要有以下四种：

第一种：认为工作太简单且没趣。

有的人觉得别人的工作既简单又有趣，而自己的工作则太简单且没趣，没法让人喜欢，有的人就会想，能找到一份不重复、不刻板的工作就好了。

其实，大多数工作都是重复的，秘书打完一篇稿子又打一篇，医生动完一次手术又动一次，电影明星拍完一个镜头又拍另一个，同样是在重复。开车是重复的工作，有些出租车司机使你的旅途很愉快，有些人却令人感到乏味，到底区别在哪儿？也许有人说，是因为有些司机自己生活得很快乐，所以才会提供很好的服务。恰恰相反，是因为给顾客提供了很好的服务，司机们的心情才变得愉悦。

你必须认识到，工作是否枯燥乏味，要看你是否是一个有情趣的人！

第二种：觉得自己没有时间享受生活。

如果硬把自己的生活分成工作与娱乐两部分，无疑是在跟自己过不去。换一个角度去看待我们的工作和娱乐，两者都是你的生活。爱你的工作就像爱一个人一样，开始的时候可能沉迷在新鲜、刺激中，但长远的爱一定是发自内心的。做自己爱做的事，并不是一边在热带海滩上享受，一边伸手接过工资；而是热爱一件事，并且投入所有的爱、活力和创造力，这样去工作，我们才会做得有尊严。

热爱工作是一种选择，是正确的人生策略。

第三种：认为人际关系难处。

很多跳槽的人嘴上说是因为不喜欢自己的工作了，或是说总在一个公司做烦了……其实更多是因为在单位里人际关系处理得不好，跳槽就成了逃避问题的唯一方案。但是，你会发现，如果你不提高处理人际关系的能力、不改进你自己，你就算换了工作，同样要面对这一问题。

你应该从现在开始热爱你的工作，学习提高处世能力，把问题在现状中解除，积累丰富的经验，不断在工作中提高和发展自己。

第四种：讨厌老板。

要想喜欢上你的工作和同事、老板，你必须改变自己的态度。我们要努力工作，目的不是为了取悦老板，更不是为了避免老板的监督，而是为了自己。如果一个人对生活、工作都漫不经心，势必会处处不如意，很多事都会做不好的。没有哪个老板会让员工百分之百地满意，就像我们自己也无法让别人对我们完全满意一样。但当你成为这家公司的一分子时，就应该做到全力以赴，不该去拉付你薪水之人的后腿。

如果你对老板不满，你所受的苦远远多于你的老板，他最多损失一点钱，而你却失去了热情、自尊及一大段宝贵的生活经历。

美孚石油公司的员工称自己的公司为快乐的王国。他们是这样热爱公司的快乐文化，以至于有一天要离开公司时觉得如同移民一样难以适应。这是因为美孚石油公司的领导者为自己的员工创造了一个快乐的工作环境，在这样的工作环境下，每一名员工都可以保持良好的心境，充满激情和创造力地投入到工作中去。

弗罗斯特博士凭借着在埃克森-美孚公司做了十年政策顾问的经验，总结了在这个石油王国工作的员工快乐的秘密：

1.应许员工的期待

只要员工取得了很好的业绩，公司就会把这个员工期待的合理职位留给他，让他在快乐之中为公司做出更好的业绩。我们知道，期待是一个人力求认识、掌握某种事物，并经常参与该种活动的心理倾向。不同的职业需要不同的期待，人们对某种职业有所期待，就会对这种职业活动表现出肯定的态度，在工作中调动积极性、开拓进取、努力工作；反之，强迫自己做不愿意做的工作，对精力、才能都是一种浪费。

2.能力匹配职业

员工的能力特征影响着自身的工作效率，而每一种职业都对从业者的能力有一定要求。能力匹配职业，员工才有可能把工作当成自己的事业去做，才不会为推脱上司安排的事务找借口，工作效率才会高，这样的工作才有可能快乐。

把自己融入良好的公司文化之中，员工就可以享受到工作的乐趣，成为公司的主人，成为公司文化创新的主体和源泉。员工享受到了工作的乐趣，就会把自己的工作当事业来做，每个人都可以充满责任感。

工作的乐趣，应当充盈于工作过程中的每一个时刻。在职场中，大多数人都是平凡的，但大多数平凡的人都想变成不平凡的人。这并不是个坏现象。一个公司的进步，甚至整个社会的进步，就需要依靠这股力量。虽然就个人来说，这容易产生心理上的压力，但是，不论我们是否能变成一个不平凡的人，我们每一个人都应当从工作中得到乐趣。工作的乐趣不是与生俱来的，它需要工作者的自信、努力、谦虚、坚持……

保持工作乐趣的另一个重要的因素是，致力于一份自己喜爱又天天期待的职业，一个挑战自己的能力与想象力的工作，这会让我们在快乐的工作心境中更加振奋地工作。

第三章
提升你的职业创新能力

　　创新的过程就是探索的过程，其间充满了未知和各种各样的变数。但是，绝不能由于太多的不确定而轻易罢手，这样连自己都没有自信的创意，如何能说服老板和上级，让他们相信这样的创意是值得一听、值得一试的呢？所以，信心对于提高创意的成功率是至关重要的，没有信心，包括创意在内的一切都不存在。没有自信去创新的员工，跟不上企业的步伐，这样的员工不会得到晋升。

勇于创新

人类历史的车轮因为那些不断探索的先驱者的推动，一步步从远古走到现在。那些没有改变的，已经成为过去。那些勇于创新者的丰碑，无法超越，或等待着挑战。那些已经改变了的，已经被重写，并将继续着它们不断前行的路，等待着另一次的重生。世界需要创新，需要勇于创新的勇士。我们应该学会尝试，学会创新，激励自己，为世界留下些值得回忆的印记。

创新的能力不是只有那些大的发明家才会有，我们也同样具有这种能力，只是我们之中的大多数人没有抓住创新的机会，没有捕捉到创新的灵感。

一些人人称羡的发明家、企业家，和一般人最不一样的地方在于，他们勇于用创新的角度思考，并且积极掌握机会，让他们的人生和事业获得跳跃式的发展。

事实上，有很多影响人类生活的发明，例如微波炉、圆珠笔等产品，都不是专业人士的杰作，而是一些普通人的神来之笔。这些发明使得人类的生活发生了极大的改变。这些人与一般人的不同之处就在于，他们能从创新的角度思考，追求突破，追求创新。

因此，要有创新的思考能力，并不需要像爱因斯坦或是其他伟大的发明家那样取得能够改变整个人类生活的成就，有时只要让脑筋转个弯，改变一下方向就可以了。要在工作或生活上有所突破，秘诀是要更聪明地做事，而不是没有思考能力一味地跟从。要更聪明地做事，就要学会创造性思考，并且努力落实这些想法，才能在原有的基础上走出新路。

据说，法国的一位著名歌唱家有一个美丽的私人林园，每到周末总会有人到她的林园里摘花、拾蘑菇、野营、野餐，把她的私人领地当作公共场所，弄得林园肮脏不堪、一片狼藉，管家让人围上篱笆，竖上"私人园林禁止入内"的木牌，仍无济于事。这位歌唱家得知这一情况后，在路口立了一些大牌子，上面醒目地写道："请注意！如果在林中被毒蛇咬伤，最近的医院距此20千米，驾车约半小时可到达"。从此，再也没有人闯入她的林园。这就是一种创新，一种思维的突破。

日本的东芝电器曾经在1952年的时候积压了大量的电扇，7万多名职工为了打开销路，搜肠刮肚地想了很多办法，都没有解决任何问题。

有一天，一个小职员想到了一个办法——改变电扇的颜色。当时，全世界的电扇都是黑色的，没有人想到电扇也可以做成其他颜色。这一建议引起了东芝董事长的重视，经过研究，公司采纳了他的这个建议。

第二年夏天，东芝推出了一批浅蓝色的电扇，没想到在市场上掀起了一阵抢购热潮，几个月之内东芝就卖出了几十万台电扇。从那以后，日本乃至全世界的电扇都不再是一副黑色的面孔了。

很多人以为成功是一步步慢慢累积来的，其实这个观念并不完全正确。大多数人因为深受这个观念的影响，并将它应用在生活和工作上，结果一事无成。事实上，按部就班有时完全可能成为扼杀你成功的诱因。

这个观念让你为了工作不断努力，总以为自己做得还不够。然而，你有没有想到，如果只是循着前人的模式前进，那些拥有庞大产业规模的经营者为何能领先众人？一步步地做，或许是最安全的方式，但反过来想，为什么不能选择一种更积极的方式？

例如，大多数人都对麦当劳的创立人雷蒙·克罗克的名字耳熟能详，但实际上克罗克并不是最先创立麦当劳的人。麦当劳最先是由麦当劳兄弟创立的，只是他们未能预见麦当劳的发展潜力，因此他们将麦当劳的观念、品牌以及汉堡等产品，卖给从事销售工作的克罗克，让他继续经营。

克罗克以独特的行销策略，将麦当劳以连锁店的形态推广至全世界，让麦当劳变成今天规模数十亿美元的庞大企业。克罗克抓住了麦当劳兄弟原先忽略的机会，即改变原有的经营模式，因而赢得了自己职业生涯上的突破。

如果你以为那些成功创新的人，一定都是绝顶聪明的人，那你就错了。事实上，大部分的突破，都是一般人在现有心智模式下产生的。关键不在于你够不够聪明，而在于你的态度：你是否愿意抓住机会，善加利用。

突破可能来自各方面的常识，将那些看起来很普通的东西加以重组，你就会发现，原来创新并不是一件很难的事。

如何让全新的想法在公司内不断涌现？如何激发员工勇于创新冒险？这是大多数企业所关心的问题。

斯坦福大学的两位教授詹姆斯·柯林斯与杰里·波拉斯在访问惠普公司的比尔·休利特斯时，问："在你眼里有没有哪家公司值得你崇拜并可以称作楷模？"休利特斯毫不犹豫地回答说："毫无疑问，有，就是3M公司！你永远不会知道下一步他们会想出什么奇招来。它们的魅力就在于连他们自己很可能也不知道下一步会有什么新招。"

在3M公司，创新是一种复杂环境的产物。3M公司最突出的天赋就是培养了一个多种因素相互促进的工作环境。据3M员工称，3M有一种特殊的创新生态机制，正是这种机制使3M每年研制出了大批令人眼花缭乱的产品。

在3M公司，员工的主要成就是其贡献性，而公司的工作就是为员工发挥其创新精神提供广阔的空间。许多3M人都把公司的目标——成为"世界上最富有创新精神的企业"这句话铭记于心，他们时常询问自己："我怎样才能革新自己的工作，怎样才能为生产创新做出更大的贡献。"

创新意识意味着一种永不满足的追求，也就是说，现代企业员工的创新意识是同他极其强烈的成就欲望和事业心密切相连的。只要我们在工作中学会变换角度看问题，经常积极思考，一定会成为优秀的人才。

据资料显示，现在全世界大约有两亿男人使用"吉列"刀片刮胡子，但你一定不知道，"吉列公司"创始人吉列先生当初产生这项发明的念头，只是因为客户的一句话。

出身贫寒家庭的吉列，十几岁便开始当推销员。虽然工作尚算顺利，但是吉列却不想一辈子只当个推销员，他经常对自己说："有一天，我一定要开创一番不平凡的事业！"

在一次与顾客闲聊时，曙光出现了，那位顾客无意间对吉列说："嗯，如果能够发明一种用过就扔的小商品，那不就可以让顾客们不断来购买你的商品吗？""用过就扔？不断购买？"这句话立即激发了吉列的灵感。从那天起，吉列天天思索着："什么样的东西必须用过就扔掉呢？"

有一天早上，吉列正在一家旅馆的房间里刮胡子，当他拿起刮胡刀时，却发现刀口不够锋利。正值出差的他当然不可能随身携带笨重的磨刀石，于是他只好随手取过一块牛皮，轻轻地在上面来回磨，问题是刀口仍然不见锋利，无奈之下，他只好凑合着用。然而，不锋利的刀子可把吉列给整惨了，胡子不仅无法清除干净，更把他刮疼得哇哇叫，好不容易刮完了胡子，却见脸上留下了好几道伤痕。他感到非常生气，愤愤不平地想着："难道世界上就没有比这个更好用的刮胡刀吗？怎么没有人发明一些不必磨就锋利无比的刀子呢？"就在这时，他突然眼睛一亮："咦！这不正是'用完即扔'的最佳商品吗？"

一回到家，吉列便辞去工作，潜心研究薄刀片等刮胡用具，最后更设计出一款像耙子似的"T"形简易刮胡刀。就这样，安全又方便的吉列刮胡刀终于诞生了，到现在仍是许多男人必备的刮胡用具。

生活中有些问题不能解决，不是因为问题太过复杂，而是因为许多时候我们会受到思维惯性的束缚，只要我们换个角度想问题，问题就很容易解决。比如说，一个年轻的妈妈想让刚买的婴儿床和自己的大床并在一起，这样就可以省去夜里的担心和麻烦。结果，在她想拆除小床的护栏时遇到了麻烦。她想按照床的设计，保留一个可以上下伸缩的移动护栏，而拆除那个固定的护栏，可是那个固定的护栏有着支撑床的功能，若拆掉，整个床就散了，这件事只好不了了之。直到有一天，这位妈妈站到床的另一面，她才突然发现，若将小床和大床靠在一起，即使没有移动护栏也无所谓，而拆了移动护栏以后，小床依然牢固，这个问题就得以解决了。如果她不走到床的另一面，她可能永远看不到这一点，而使自己陷入烦恼。

创新需要不断地坚持

在工作中，许多员工抱着坚守岗位的态度，一切因循守旧，缺少创新精神，认为创新是老板的事，与己无关，自己只要把分内的工作做妥即可，除此无他。

这种思想实在要不得，要知道，谁也不比谁傻，你所拥有的，别人同样拥有。如何能够突围而出、高一人等？你务必突破自身创造力，那就是创新。发挥创新行为不仅对公司有利，也对员工本人的形象、声誉、能力和前途有利。无论创新的意念是否被老板接纳，进行得是否顺利，都能显示出你对公司的热诚和责任感。成败得失并非关键，重要的是那份勇于尝试的精神，能够有助于你获得老板的认同。综观事业上取得成功的员工，他们一般都不是那种从常规去考虑问题的人，而是能够站在创新的立场上，考虑各种问题的人。被评为2007年全国敬业模范的"抓斗大王"包起帆就是一位坚持创新的敬业楷模。

包起帆是在港口生产第一线作出重要创新的工人专家。他在20世纪80年代就是一名革新能手，相继发明了新型木材抓斗、生铁抓斗、废钢抓斗系列，被誉为"抓斗大王"，90年代被中宣部选树为全国重大宣传典型。他没有在以往的成绩面前停步，而是继续创新。

他开辟了我国首条内贸标准集装箱航线，从零起步，至今全国港口内贸集装箱年吞吐量已突破1600万标准箱，其创新举措引发了我国内贸水运工艺的重大变革，成为同行公认的开拓者。2001年他主持了上海港"集装箱智能化管理技术研究"，首次提出用智能模糊技术来实现集装箱码头机械全场自动调度和集装箱堆场堆取，首次提出了码头集装箱多级优化管理系统，用数字化、智能化来提升港口的核心竞争力，2004年该成果获得国家科技进步二等奖。2003年他主持了"现代集装箱码头建设集成与创新技术研究"，提出了用虚拟技术来建立码头仿真模型和新型集装箱港区功能横断面布置模式等创新理念，2006年该成果再次获得国家科技进步二等奖。2004年他主持了上海市科委"现代集装箱物流与装备集成技术研究与应用示范"项目研究和国家"863"计划子课题"集装箱电子标签系统研究"，建成了我国第一个集装箱自动化无人堆场，开通了世界上第一条带有集装箱电子标签的商业运营的集装箱班轮示范航线，被国外专家誉为"这是一场改变人类运输方式的革命"。

他的创新业绩，得到了国内外同行的充分肯定。2006年5月，在第95届巴黎国际发明博览会上，他一次获得4项金奖，成为105年来一次获得该展会奖项最多的人。20多年来，他与同事们共同完成了120多项技术创新项目。

长期以来，他把自己搞发明、搞创新获得的国家级、省部级、局级的各类奖金和国务院专家津贴，全部捐送给企业伤残职工和困难职工。这条自立的规矩，他已整整坚持了25年。2005年，他又获得了全国职工技术创新一等奖，20万元奖金，18万分给了同事们，2万送给了两名瘫痪在家的老职工。

包起帆是党的十四大、十五大、十六大、十七大代表，1997年被评为全国优秀共产党员，1989年、1995年、2000年和2004年先后四次荣获全国劳动模范称号，1986年、2004年两次获得全国五一劳动奖章。

创新是一个民族进步的灵魂，也是一个企业发展的动力。在瞬息万变的商业时代，是每个正常人都具有的自然属性与内在潜能，人与天才之间并无不可逾越的鸿沟。创新能力与其他能力一样，是可以通过教育、训练而激发出来的，并在实践中不断得到提高发展的。它是人类共有的可开发的财富，是取之不竭、用之不尽的"能源"。

如何保持创新思想，直接关系到一个年轻人的未来是"死"是"活"，因为只有创新才能"救活"自己的异常思维和才智，从而激发自己全身的能量，这就要求及时注入"创新因子"。谁先抓住创新思想，谁就会成为赢家；谁要拒绝创新的习惯，谁就会平庸！这就是说，一个有着思维创新习惯的青年人，绝对拥有闪亮的人生！

创新是一种态度，这种态度让你拥有无数的梦想，让你渴望自己的生活变得不同，鼓励你去尝试做一些事情，从而把一切变得更美妙、更有效、更方便。

创新思维是一种成功的心态，你的心里能够设想和相信什么，你就能用积极的心态去获得什么。积极的心态促使你勇敢地面对事物的变化，你对成功有一种积极的渴望，期盼有了种挥之不去的意念，这种意念形成了创新思维。人类需要进步，人类需要创新，创新需要不畏艰难。

有时候，阻碍我们成功的主要障碍，不是我们能力的大小，而是我们观念的新旧。

假如你是一名学生，想让自己的成绩名列前茅，就必须找到新的适合自己的学习方法；假如你是一名军人，想以优秀成绩通过军事考核，就必须针对自身特点，琢磨一套新的训练方法；假如你是一个公司的经营者，想把自己的公司做大做强，就要有不同于其他的经营理念……总之，一个人的一生要想远离平庸、有所成就，就必须具备创新意识。创新意识不仅仅是为成就者准备的礼物，还是为危机者准备的稻草。

下面的小故事也许你已经知道，但是其中的道理能否领会并贯彻于自己的成功法则之中呢？

日下，一群饥渴的鳄鱼陷身于水源快要断绝的池塘中。面对这种情形，只有一只小鳄鱼起身离开了池塘，它尝试着去寻找新的生存的绿洲。日子一天天过去，塘中之水愈来愈少，最强壮的鳄鱼开始不断地吞噬身边的同类，苟且幸存的鳄鱼看来是难逃被吞食的命运，然而却不见有鳄鱼离开。直到有一天，池塘完全干涸了，唯一的大鳄鱼也耐不住饥渴而死去了。然而，那只勇敢的小鳄鱼呢，它经过多天的跋涉，幸运的它竟然没死在半途中，而是在干旱的大地上，找到了一处水草丰美的绿洲，获得了新的生机。

试想，若不是小鳄鱼勇于尝试，寻求新的出路，那它也难逃丧生池塘的厄运；而其他的鳄鱼，如果它们不安于现状，而勇于尝试，也不会白白送了性命。由此可见，勇于尝试、敢于创新的精神是十分重要的。

这个故事启示我们：要走新路就先要具备创新意识。

创新能力就是创造主体在创造活动中表现出来并发展起来的各种能力的总和，主要指产生新思想、新方法、新结果的创造性思维和创造性技能。

创新能力的表现主要是：发现问题的敏锐观察能力，通观全局的统摄思维能力，拓展思路求索答案的能力，借鉴经验开拓新路转移经验的能力，远见卓识预见未来的能力。不具备创新意识这一心理素质的人，不会成为一个优秀的现代企业家。但同时也应该注意，只有传承而没有创新，创新就成了僵硬的教条，必定走进千人一面的死胡同；而只讲创新而没有传承，其作品也将成为无源之水、无本之木，缺乏民族文化这个最基本的元素与特征。

北京华奈达集团是北京市服装行业最早获得ISO9002商检质量体系认证的大型企业之一，它生产的羽绒服远销美国、俄罗斯和日本等30多个国家和地区，特别在东欧市场很有知名度。

然而，从1997年开始，由于国际服装市场疲软，出口订单大幅度减少，加之外商一再压低加工价格，企业出现了严重亏损的局面。面对困境，集团果断调整营销战略，决定利用做出口服装的技术优势开发国内市场。

从1998年8月初开始，集团总裁亲率营销和设计人员进行市场调查，对冬春羽绒服流行的款式和颜色进行超前预测，本着"畅销产品不断档，缓销产品不积压"的原则，设计开发了20个款式新、质量高、价格低的羽绒服新产品。结果他们所生产的新产品很快就成为大商场的抢手货，使企业走出了困境。

企业是这样，做人也一样。一个人要想达到目的，必须有创新能力。遇到无法解决的问题时，可以推翻曾经有过的所有想法。从旧模式到新模式的转换意味着用全新的视角、截然不同的新方式来思考原有的问题。

我们通常认为，只有艺术家、科学家才拥有出奇的创造性能力。其实，我们做每一件事情的时候，我们的想法都是创造性的，之所以有成功和失败之分就在于，是否能将这种创造性的思维善加利用。人类所有的天赋之中，最传神的就是创造力。这种天赋，是人类智慧最好的体现，也是成功者进步的主要动力。一个人一生的成就，全归功于他能建设性地、积极性地利用自己的创新能力。用得好成就比别人高，用得不好就难免不被激烈的竞争所淘汰。有时候，阻碍我们成功的主要障碍，不是我们能力的大小，而是我们观念的新旧。

如何取得成功实现你未来的目标——努力让别人认可是不可能的事，为了成功不怕失败，以及敢于打破规矩。

总之，创新是成功的牵引力，牵引着你和老板的梦想之旅，踏上成功之路、快乐之途，创造出双赢的局面。

创新必须突破现有的思维定式

思维是人类最为本质的特征，是人类一切活动的源头，也是创新的源头。有了创新思维人类才没有越走越退步。一个人的思维能力总处在发展、变化的趋势中，但也会存在一种相对稳定的状态，这种状态是由一系列的思维定式所构成。

人们不能发挥创造力的原因多种多样，有的是因为心中存在某种局限性观念，有的是存在某种思维障碍，所以要发挥自己的创造力和创新思维必须突破许多障碍。

研究发现，人们发现问题、研究问题、解决问题往往都是凭借原有的思维活动的路径（思维定式）进行思维的。人们认识未知、解决未知，都是以已知或已知的组合、变换为阶梯的。那么，如何才能提高思维能力呢？这就需要我们敢于打破常规，敢于突破思维定式。

常规有很多的好处，会使人在思考同类或相似问题的时候，能省去许多摸索和试验的过程，能不走或少走弯路，这样既可以缩短思考的时间，减少精力和耗费，又可以提高思考的质量和成功率，还能使思考者在思考的过程中感到驾轻就熟、轻松愉快。

日本一家公司的科技人员工为了满足市场需要，开始设计一种新的小型自动聚焦相机。

所谓自动聚焦就是相机要根据拍摄的对象，自动测量距离，然后镜头作相应的调整，自动定焦距。设计这种相机有几个必须达到的基本要求：小巧轻便，容易操作，而且要成本低廉。

按照当时的技术水平和条件，在相机里装进电动机以后，体积就小不了，重量就轻不了，成本就很难降下来。如果要为它再去特别设计一种专用的超小型电动机，时间又很难保证。

设计人员为此大伤脑筋，想了很多办法都行不通，设计工作长时间裹足不前。后来一个不是学电机专业的技术人员想道：自动聚焦需要的动力很小，而且距离很短，不用电动机，用弹簧行不行呢？这个突破了"必须用电动机驱动"这"一定之规"的新设想提出以后，设计人员们沿着新的思路不断进行探索和试验，没过多久，就相继设计出了一种又一种小型和超小型的自动聚焦相机。对这种给人们带来了很大方便，连傻瓜也能使用的"傻瓜相机"，科技界给予了很高的评价，认为它代表了产品开发的一个新的重要方面——傻瓜化，即"功能简单化""易操作化"，同时也是"高智能化""高科技化"。

所以说，社会进步需要创新，企业发展需要，个人发展需要创新。尤其是对于企业来说，只有所有员工不断突破思维定式、超越自我，企业才会获得迅猛发展。

著名企业英特尔公司在招进员工来后，非常注重鼓励员工不断挑战。当然，盲目迎接挑战只会带来失败，不可能带来创新，这不是英特尔所希望的。英特尔所推崇的创新是在接受挑战之前能够掌握情报，并进行充分评估，尽可能地了解到种种变通之道与替代方案，以增加对失败的控制力，这被称为"可预期的风险"。除了迎接挑战，对错误的包容也同样重要。在英特尔公司，面对"不可预期的风险"而失败是能够被接受的。

在英特尔公司，每一位成员都有机会贯彻自己的想法。英特尔是一个很平等的公司，在这里不会有很多层的经理，每一个员工都可以在自己的级别上做出决定，不用什么事情都去请示。诸如"你很有头脑，却在上司那里受挫"这样的情况在英特尔是不会发生的。也许有时员工不确定，拿计划去跟经理谈，但是，通常经理会鼓励员工去尝试，而不是泼冷水。正是在这样的文化氛围中，英特尔公司的员工才不会害怕失败，才积极主动地进行创新。

同样，西门子公司的每一位成员也都具有普遍的创新意识，正是这种意识引领西门子不断开发新的产品和解决方案。这种意识的形成是以五项重要的个人素质为基础的，正是这些素质使西门子与众不同。

英国明尼苏达矿业制造公司（3M）更是以其能为员工提供创新环境而著称。3M公司认为，有强烈的创新意识和创新精神的知识员工是实现公司价值的最大资源，是3M达到目标的主要工具。因此，3M有一个奇怪的15%时间定律，即允许每个技术人员可以用15%的工作时间来"干私活"，搞一些个人感兴趣的工作，这可以是对公司没有直接利益的。事实证明，3M的许多新产品都是在15%时间定律下产生的。

微软中国研究院的访问研究员、加拿大UWO（安大略大学）教授凌晓峰博士认为，世界知名的大公司都很重视员工的创造力，因为要使自己的技术、产品、服务领先，就要做到与众不同。对于研发人员来说，创新能力尤其重要。思路奇特，善于创新，从不满足现有成绩，产生新的创意并将其成功实现的能力，是好员工必须具有的。

由此可以看出，创新能力越来越被企业所看重，你能想出一个别人想不到的主意，也许就能成就一番事业，像美国的硅谷，很多公司是从一个好点子、一个优秀的团队起家的，那里没人问你的学历，只要你有创新能力，有好的团队，风险投资就会落到你的头上。正如巴西吉西利华公司董事长阿普里莱所说："年轻人不能满足众所周知的现成答案，应该善于向旧事物挑战并提出新建议。我已经注意到了某些求职者的这些特点。他们在求职前就已经向我们写明，对公司的事提出疑问，显露了他们的求知欲。"

有创意才会有改变

无论在哪个时代，团队必须有新的创意来改变现有的状态。当局面陷入被动，比如销售业绩出现问题、产品质量遭到质疑时，一个小小的创意就会改变这种被动的局面。个性化的时代更是要求我们必须具备创新精神，如果不懂得创新，照搬照抄别人的成功经验或者是设计，这样的想法是不会有所成就的。

创意就是思维主体运用知识、信息、技术、能力经过智力想象、策划、选择和设计，卓有成效地选择新鲜事物的一种创造性的思维活动。对于公司来说，富含商机的创意就是满足用户各种心理需要，甚至包括他们潜意识里的需要。对于个人来说，富有创意就是最大的资本，或许你现在身无分文，但只要具有最可贵的创意，就可以把它变成财富，就可以把被动的局面转变成主动地出击。

1981年，美国通用电气的新任总裁杰克·威尔奇上任。可是，他面临的问题却是非常棘手。公司规模虽然巨大，产品虽然多，但是，这种局面更加使得情况复杂。

杰克·威尔奇刚刚上任，他就想：如何才能让这么大的一个公司正常运转呢？如何才能管理好它？销售业绩和利润必须增长，这才是最重要的。

杰克·威尔奇开始调查公司不景气的原因。原来，这是因为公司管理太死板，员工没有足够的自主权。在经过仔细的分析之后，他认为只有把全体员工都团结到一起，才能把公司的局面扭转过来。于是，根据这个想法，他确定了更加详细的发展目标。

首先，杰克·威尔奇在公司里进行了一次改革，实行"全员决策"制度。他让那些平时缺乏交流的员工行动起来，把按钟点上班的一般员工和中层管理人员，还有那些工会领袖集中起来，邀请他们参加决策讨论会。大家都可以各抒己见，自由地发表看法。

这项制度的实施，使得那些平时被冷落的员工开始积极起来。这种方法激励了他们的主人翁意识，潜藏在每一个员工身上的能量被充分地发挥出来。大家开始争相发言，发表自己的看法。经过分析，这其中的大部分建议都被杰克·威尔奇采纳了，他认为它们非常合理。

这个制度实行一段时间之后，公司就有了显著的变化，本来不景气的公司慢慢地出现了转机。

不能不说，这样的结果与杰克·威尔奇实行的这个制度是分不开的，员工创意起到了作用，杰克·威尔奇的办法起到了关键的作用，使得公司步入了更新的发展空间。

科学技术的不断发展就是人类依靠神奇的创造力实现的，它改变了我们的生活，使我们的生活更加丰富多彩。创造性的思维不仅仅是应用在科学技术上面，生活中也充满了创意，即便是一道富有创意的菜肴、一件富有新意的服装，都会给我们的生活带来欣喜。其实，对于一般人来说，后者更为实际，而它带来的价值也能让你得到你想要的东西。毕竟，我们一般人从事着的行业并非是科学研究，大部分是和我们日常生活相关的各种行业。但是,生活的创意也同样可贵。

20多年前,管理大师德鲁克说过"不创新,即死亡!"这句话语气很强烈,没有创意,只能接受平庸,只能平淡无奇地度过一生,生活中少了很多精彩的元素。可见,你想要领先于别人一步,让自己的生活更加美好,创意就是你打开财富和成功的一把钥匙。你可以想象,商界的人物哪一个不具备创造力,比如约翰·D.洛克菲勒和比尔·盖茨等,他们每一个人都具备这样的能力,这种能力让他们取得了卓越的成就。

米老鼠的形象家喻户晓,说到米老鼠,就要说说它的"爸爸"——卡通大王沃特·迪士尼。

迪士尼1901年出生于芝加哥,他在18岁时开始以绘制商业广告为生。后来,他开始研究创作动画片,而厂址就在好莱坞一间破旧的,而且还有老鼠经常出没的汽车房里,迪士尼一有空闲,就会饶有兴味地观察钻出钻进的小老鼠。

有一次,他看见一只小老鼠非常可爱,便抓起笔即兴作画,一只穿着红天鹅绒裤、黑上衣、戴着白手套的小老鼠在画纸上出现了。突然,他发现这是一个多么好的创意,于是,在妻子的建议下,这只小老鼠有了名字,米奇(Micky)就这样诞生了。迪士尼和助手尤布对米奇的形象进行设计,塑造了一只对弱者同情、对强者却很淘气、好打抱不平、不自量力、急躁而且粗心的老鼠。

当时,报纸上报道的全是查尔斯·林白首次单人驾机飞越大西洋的事迹,迪士尼和尤布觉得应该好好利用这个机会。于是,草拟了一部叫《疯狂的飞机》的电影脚本，尤布立即着手绘制草图，很快就按照剧本的内容搞出了雏形，迪士尼看后非常满意。之后，他们正式开始制作了。

他们制作的第三部《"威利"号汽艇》取得了很大的成功，米奇席卷全球，那只有着大而圆的耳朵、穿靴戴帽的小老鼠随着轻快的音乐而跺脚、跃动、吹口哨，这样一个可爱的形象博得了观众的喜欢。1932年，《"威利"号汽艇》获得了奥斯卡特别奖。

为什么人人讨厌的老鼠能被这么多人喜欢，因为迪士尼。迪士尼创造出来的米老鼠成了全世界儿童心中的神灵。米老鼠的形象不仅吸引了数百万的观众买票进入电影院，而且与米老鼠相关的其他各类产品——迪士尼绘制的唐老鸭、维尼熊、高菲狗等卡通形象，使得迪士尼所建立的沃特·迪士尼公司迅速成为美国卡通界的领军角色。而这一切都源于一个创意，那就是一只小小的老鼠。

在沃特·迪士尼病逝时，哥伦比亚广播公司在晚间新闻的颂词中说：迪士尼是一位富有创造性的天才，他为全世界的人带来了欢乐，但若我们仅仅从这一方面去判断他所做出的贡献，仍是不够的。迪士尼在医治、安慰人类心灵方面所做的贡献，也许比世界上任何一位心理医生都要大。

改变目前的思路

随着社会的进步及职业结构的不断变化，人们必须要面对更加复杂的职业环境，越来越多的职业问题随之而来，这就促使了职业心理研究的产生与发展。作为一门应用性学科，职业心理研究的目的很明确，即帮助人们更好地参与职业活动。

人有时就像一只跳蚤，习惯了平淡而毫无激情的生存方式，自我设限，自我封闭，自暴自弃，自欺欺人，消极保守，碌碌无为，始终生活在茫然的迷思和失败的阴影之中……这是一种悲哀！然而，真正悲哀的是习惯在这样的思维模式下没有出路。

自然科学家约翰·亨利·法伯也曾利用毛毛虫做过一次很不寻常的试验。这些毛毛虫总是盲目地跟着前面的毛毛虫走，所以它们又叫游行毛毛虫。法伯很小心地安排，使它们围着花瓶的边缘走成一个圆圈。花瓶的旁边则放了一些松针，这是毛毛虫喜欢的食物。毛毛虫开始绕着花瓶走，它们一圈又一圈地走，一连七天七夜，一直围着花瓶团团转。最后，终于因饥饿与筋疲力尽而死去。在不到六寸远的地方就有很丰富的食物，而它们却饥饿致死，因为它们把活动与成就弄混了。

许多人就像毛毛虫一样，放弃主宰自己的生命和命运，按别人的意愿过日子，却不能够自主地生活。这种人最突出特点就是盲从，他们没有目标，就像一艘没有舵的船，永远漂流不定，所以只会到达失望、失败和丧气的海滩。

许多人犯了毛毛虫所犯的错误，结果只从丰富的生活中获得了很小的一部分。他们跟着大家绕圈子，根本不到别的地方去。他们遵循既定的方法与步骤，没有别的理由，因为"大家都那样做"和"大家都认为应该那样做"。其实，深究起来，这两个小实验的结果揭示了极为深刻的寓意。常人的悲哀不在于他们不去努力，而在于他们总爱给自己设定许多的条条框框，这种条框无意之间限制了他们想象的空间，以及创造的潜能和奋进的范围。看似一天到晚在忙碌，实际上自己已经套上了可怕的"金箍罩"，最终注定碌碌无为。

如果一个员工或管理人认为现状"已经够好"，他便会以如同后照镜一般狭窄的视野来工作或进行管理。如果是这样，他的未来铁定会失败得粉身碎骨。所以，为了要保持竞争性，任何人目前都必须不断质疑目前的所有作为。所有这些挑战，是当前形势下，可以让公司不致因现有的成功而被蒙蔽。在世界著名公司戴尔公司中，"自我批判"的态度，已深植在它的文化中，每个人都随时质疑自己，随时寻找改进事物的方法。它的公司总裁迈克·戴尔试着由上至下建立起这样的行为模式：开放的概念，工作人员聘用并且把他们培育为领导者。这些人在自己犯错误的时候，必须能够接受他人公开的反对或纠正。这是为了促进公开辩论鼓励理性的"能人治理制度"。

在任何一个工作岗位上，员工能够踏踏实实、不浮不躁是每个领导都愿意看到的。但是，更多的时候是不能让安分束缚住自己的手脚，故步自封，而要勇于创新，在做好本职工作的基础上更上一层楼，为自己创造出更多的机会。

创意无处不在

很多创新都是由一些奇奇怪怪的想法产生的，创造者是那些热衷从千头万绪或支离破碎的背后发现亮点，他们突破现有的束缚，找到最好的方法。只有以创新作为自己的行为理论，应用自己所学的知识，敢于发现现在的不足，才能取得更大的发展。

我们常说的知识，就是说这个人对已知世界了解了多少，也意味着这个人水平的高低和能力的大小，但是这并不能说明知识就是创新。创新是对未知世界的探索，它要求必须有一定的专业知识做基础。通用汽车公司前总裁杰克·韦尔奇说："在目前这个竞争激烈的新经济时代，一个企业家最差劲的表现就是缺乏创新、不思进取。"

想要打开一个全新的局面，就必须要求我们突破现有的常规，突破现有知识的束缚，有一种把不可能变成可能的精神和能力。一百多年前，当时的科学界几乎达成了共识，那就是用金属制作的机械飞不起来。但是作为工人出身的莱特兄弟偏偏对这个理论怀有质疑，他们坚信可以实现这个科学家认定的事实，他们反复研究、无数次试验，结果他们把不可能变成可能，造出了飞机。到了现在，更为先进的制造飞机技术和飞行技术更是当时的人们所想象不到的，但一切都变成了可能。

在现代这个竞争激烈的社会，创意决定了一个员工的命运，同时也决定了一个企业的命运。很多公司中非常经典的创意都是员工完成的。当然，他们也因为自己的努力以及为企业创造的巨大的价值获得了丰厚的回报。

一个好的建议，可以让一个面临破产的企业起死回生，能让一个默默无闻的公司名声大噪，也能让一个成功的企业扩大战果，独霸一方。所以，每个公司的老板都很重视员工创意的培养。

每个人都有创造思考的能力，同时你身边都有无数值得去发现的创意。只要多动脑筋，你就可以获得对公司、事业，乃至于自己的生活有所助益的创意。独特的创意不是少数聪明人的专利，只要你善于发掘并持之以积极的态度，你同样可以做到。否则，即使你有好的创意也会被你自己悲观的态度扼杀。

所以，在工作中你一定要充分运用这种能力，让自己的工作有创意、有新意的进行。这样不仅工作得顺利开心，还可以得到老板的重视。那么，如何才能做到这一点呢？

首先，你应该全面深入地了解你的公司，这是员工为公司提出创新性建议的前提。只是需要注意的是，盲目地说话会让老板对你失去耐心和信任。虽然你可能一直在公司工作，对自己的工作环境和工作任务非常熟悉，但作为一名员工，你对公司的经营战略和发展规划却不一定十分熟悉。公司的外界环境会不断地变化，发展战略和规划也要相应地变化。所以，如果你不了解这些动向，即使提出了一些建议也没有实际意义。

其次，根据调查显示，员工的创新型建议，90%是不切合实际的，但你不要因为害怕自己的建议不被采纳而不敢提出来。要知道，老板的建议也同样有90%是不合实际的。理解了这一点，你就不用担心自己提出的建议不被采纳而遭到老板的嘲笑了。如果你提出的建议有一些被采纳了，这些创意就足以让公司保持发展的活力了。

最后，提建议之前做一些思考是有必要的。有的员工不管自己的老板喜不喜欢听意见，盲目上书，结果往往会让那些刚愎自用的老板拒绝甚至对你产生反感。如果你的老板从谏如流，和善近人，并鼓励员工把自己的想法说出来，那你就应该大胆积极地把自己的建议提出来。

此外，学会观察也是非常有必要的，如果你能够留意审视目前工作的内容和环境，你就会发现那些需要立即解决的事情。你应该多思考如何让公司的经营更具效率，这样你获得有益方案的可能性就会越大。

在你追求创意的时候，假如你尚未获得一个完整的有价值的、成体系的创意就先不要轻易罢手。因为创造的过程就是探索的过程，在这个过程中充满了未知和变数，这些未知和变数由于存在着太多的不确定性会使你很容易动摇，这样一来，连你自己都没有自信的创意，如何能说服你的老板？所以信心对于提高你的创意的成功率是至关重要的，一旦你犹豫了、动摇了，你的一切努力都可能化为乌有。

培养你的创新意识

创新的能力不是只有那些大的发明家才会有，我们也同样具有这种能力，只是我们之中的大多数人没有抓住创新的机会，没有捕捉到创新的灵感。

洛克菲勒的女儿伊丽莎白所在的公司总经理就要退休了，伊丽莎白一直非常努力地完成工作，而且她当选总经理的可能性很大，洛克菲勒也对女儿有很高的期待。可是，伊丽莎白却想放弃这次挑战，在总经理引退前的6个月，她要和丈夫去度假。

洛克菲勒得知这个消息后，严肃地对女儿说："你这个时候去度假，不就是要当逃兵吗？你知道我最不喜欢你当逃兵。为了获得现在交易副经理这个职位，你做出了很大的努力，甚至牺牲了和家人共处的时间，现在，你为什么放掉晋升更高职位的这个机会。"

伊丽莎白答道："爸爸，我想我有我的苦衷，我担心工作太忙、太操心，还担心自己没有资格，而且我觉得力不从心，想要休息。"

洛克菲勒听到女儿的诉苦，语气变得柔和起来："伊尼，我觉得这不是退出竞争的有力理由，长期以来，你对时间管理已经很熟练了，你可以挑选一个能接受任务，并能完成工作的职员，你们进行合作，就能帮助你解决很多问题。"

伊丽莎白依旧辩解："我真的已经尽力了，真不知道自己能否胜任这个职位。"

洛克菲勒慢慢地和女儿说："在这个世界上，竞争一刻都不会停止，我们就没有休息的时候。我们所能做的，就是带上钢铁般的决心，走向纷至沓来的各种挑战和竞争，而且要情绪高昂并乐在其中，否则，就不会产生好的结果。"

伊丽莎白思考着父亲的话，她似乎被说服了。但是，怎么样迎接一场这么大的挑战呢？

洛克菲勒接着说："想要在竞争中取胜，勇气只是赢得胜利的一方面，还要有实力。我们要靠自己的双脚站起来，如果你的脚不够强壮，不能支持你，你不是放弃和认输，就是努力去磨炼、强化、发展双脚，让它们发挥力量。"

英国著名作家萧伯纳曾经说过："对于害怕危险的人，所处世界上的一切总是有危险的。"

一次，一个人同一位准备远航的水手交谈。

他问："你父亲是怎么死的？"

"出海捕鱼，遇着风暴，死在海上。"

"你祖父呢？"

"也死在海上。"

"那么，你还去航海，不怕死在海上吗？"

水手反问：

"你父亲死在哪里？"

"死在床上。"

"你的祖父呢？"

"也死在床上。"

"那么，你每天睡在床上不感到害怕吗？"

这个故事含有深刻的人生哲理。水手明知祖父、父亲都死在海上，却没有因为害怕再一次被大海吞噬的危险而改变自己的奋斗目标，仍然乐观地从事着自己的事业。

现在，新的、理想的生存方式就潜伏在平常的生存方式之中，只有具备探险的勇气才能发现它。那些具备风险意识、无所畏惧、勇于探索和尝试的人，才能克服一道道难关，锻炼和展现出自己的才华；如果只注意风险，就像上文中的故事那样，这个世界上就不会有一处让你感到安生的地方，就会处处有等待你的陷阱、处处有等待你的危机。唯有那些勇于追求、实现追求的人才能领略到人生的最高的喜悦和欢愉。

第四章
提升你的职场变通能力

　　公司所渴求的人才不只是一个有专业知识的、埋头苦干的人，而更需要的是积极主动、充满热情、灵活自信的人。一个合格的员工应该不只是被动地等待别人告诉应该做什么，而是应该主动去了解自己要做什么，然后全力以赴地去完成工作。

职场中，要懂进退

在职场中，真正能干是懂得并且善于利用进退规则的，因为无论选择进退都需要大无畏的精神，有时候"退"更加需要决心和勇气。在漫长的人类历史中，种种生存游戏不可数计，纵观世界，能够成就一番伟业的人，大多数都是深谙进退规则的人。

意气用事，只能进不能退是用兵的大忌，西点人认为那些不识时务只知斗一时之气的人绝对算不上英雄。一个能屈能伸、能进能退的人，才是有大智慧的人。而决定一个人能否成就大事的往往就是这种伸缩自如的智慧。

以退为进，由低至高，这是自我表现的一种艺术。

《像希拉里那样工作，像赖斯那样成功》一书中写道："美国人并不害怕'能力出众的律师希拉里'。美国最好的法律学校每年能培养出大量有能力的女律师。人们不能容忍的是希拉里的政治野心、对权力的露骨欲望，以及享受过程的态度。人们恐惧的不是希拉里的能力，而是她的野心。"正是由于人们对于这位传奇女性的褒贬不一的态度，给本来就格外引人关注的2008美国大选又增添了许多趣味性。

人们认为，希拉里对于权力欲望已经到达了极点，她是不达目的不罢休的人。但是谁也没有想到，在大选竞争进行得如火如荼的时候，她选择了放弃对总统的竞争，而转向竞选副总统的位置。无疑，希拉里是聪明的。她深知总统竞选的残酷，也深深地了解对手奥巴马的强大，所以，在没有任何胜算的前提下，与其与对手硬碰硬，不如转身为自己另谋更好的出路。

希拉里是成功的，虽然与总统的宝座无缘，但是当奥巴马宣布任命其为新政府的国务卿的时候，希拉里的脸上是带着微笑的。她用自己的亲身实践向世人证明了这样一个道理：处于不利位置的时候，如果没有办法突破，那么不妨转个方向，给自己找条全新的出路。

其实，生活中我们常常会碰到这样的事情，你执着于一件事情，但是你的胜算并不大。那么，与其在不可能的事情面前耗费时间，不如转过身来，因为你的身后可能会有更好的路在等着你。

多年前，美国的可口可乐和百事可乐曾经先后走向我国台湾市场。因可口可乐抢先登陆宝岛，率先出尽风头。后进者百事可乐面对已经具有市场基础的竞争对手，虽行销战略施行倍觉艰辛，但还是勇者无畏。一方为争夺市场，一方为保卫市场，顷刻间掀起了一场极为精彩的商战。

百事可乐的行销策略以及推销活动，虽然较富于机动性，却始终无法超越可口可乐的优势，因此一直屈居下风，被动的劣势似乎难以扭转。然而，可口可乐在"唯有可口可乐，方是真正的可乐"的口号下，一举乘胜追击，大有逼迫百事可乐偃旗息鼓收兵的气势，使得百事可乐一时间士气低落，销售陷入低谷。

百事可乐高层分析市场，了解到正面攻击不可能在短期内有效，于是便悄悄地准备开辟另一个饮料市场来抢占可口可乐市场。在极端机密周详的策划下，第二年初春，百事可乐以迅雷不及掩耳之势推出了美年达汽水，顿时受到消费者的喜爱。由于百事可乐能从较低层次的广大消费者入手，市场价位又极具吸引力，加上美年达饮料整体行销策略完善，尽管只是百事可乐公司的副品牌，但一时占领了大量的饮料市场。反观可口可乐，因为陶醉于可乐大战后的胜利，忽略了新产品的开发。等到美年达饮料一夜间全面上市，可口可乐却不知所措，导致了短期内市场败北。

其实，成功并不是只有向前冲，向后走一样能够实现目标。但是，不少企业或者员工不能真正放下眼前的目标而转向身后，即使往前冲会撞个头破血流。生活不是玉，也不是瓦，所以不需要我们"宁为玉碎，不为瓦全"。退出不是消极的面对，也不是向生活认输，而是找到另一个突破口，征服生活。所以，在身处困境的时候，不要抱着视死如归的念头，而是冷静下来，看看后方是不是有更好的出路。

一位留美的计算机博士，毕业后回国找工作，结果好多家公司都不录用他，思前想后，他决定收起所有证明，以一种"最低身份"再去求职。

不久，他被一家公司录用为程序输入员，这对他来说简直是"高射炮打蚊子"，但他仍干得一丝不苟。不久，老板发现他能看出程序中的错误，非一般的程序输入员可比，这时他亮出学士证，老板给他换了个与大学毕业生相应的职位。

过了一段时间，老板发现他时常能提出许多独到的有价值的建议，远比一般的大学生要高明。这时，他又亮出了硕士证，于是老板又提升了他。

再过一段时间，老板觉得他还是与别人不一样，就对他"质询"，此时他才拿出博士证，老板对他的水平有了全面认识，毫不犹豫地重用了他。

自然界中，蜥蜴与恐龙曾是同类，而最后恐龙灭绝了，蜥蜴却存活下来，其中一个重要的原因是：恐龙体积过于庞大，不便保护自己；蜥蜴小巧灵活，虽然纤弱，但却便于隐藏自己，从而得以生存。

生活中，我们常用"毫不示弱"来形容一个勇敢的人，但处处不示弱的人能得一时之利，却难成为最终的成功者。相反有些人，心事忍让，不逞能，不占先，心境平和宽容，能摒除私心杂念，不受外人干扰，做事持之以恒。这种人跑得不快，但能坚持到终点。

向人示威，人人都会，向人示弱却只有少数人才做得到，因为示弱更需要智慧和勇气。

刚参加工作的玛丽发现公司的人都很好胜，而自己似乎有很多的不足。玛丽天性真诚，她没有遮掩什么弱点。就这样，其他的员工有时会嘲笑她，有时也会以"老大"的身份对她的工作指指点点。毕竟人各有所长，玛丽发现自己的一些不足正是有些人的长处，她的真诚使大家对她不怎么隐瞒，她更容易学习。她慢慢地观察、学习，她并没有发现，她以往的许多不足已慢慢消失，而周围的员工还是老样子，并没怎么进步。

两年后，当玛丽被上层任命为业务经理，四周投来了惊讶的目光。大家不敢相信，那个什么都不会的女孩居然成了他们的业务经理。

玛丽正是用了以退为进的方法取得了一个小成功。弱点就是弱点，对于不示弱者来说，示弱需要莫大的勇气。它促使你不断地向他人学习，来弥补自己的弱点。你并不会因为示弱而失去什么，相反，你会得到许多的财富。

示弱可以减少乃至消除不满或嫉妒。事业上的成功者、生活中的幸运儿，被嫉妒是必然的，用适当示弱的方式可以将其消极作用减少到最低限度。

示弱能使处境不如自己的人保持心理平衡，有利于团结周围的人们。

北大方正的创始人王选，曾把科技领域的人才以打猎为喻，分为三种类型，第一种是指兔子的人，第二种是打兔子的人，第三种则是捡兔子的人。指兔子的人就是指明科研方向的人，打兔子的人就是进行科技攻关的人，捡兔子的人就是让科技在经济领域产生效益的人。他说："我属于第二，其他两个方面是我的弱处。"

在成功人士中，很少有人会像王选那样自暴弱点、自我贬损。但王选的做法没有使人看不起他，反而团结了一大批中国计算机领域的精英人才。不仅王选本人成为中国的比尔·盖茨式的人物，他的北大方正公司，也用了仅仅8年时间就成为世界知名的企业。

示弱不是软弱，而是一种清醒的人生智慧。一个强者能保持清醒，那他离成功也就不远了。

职场中要学会变通

在职场人看来，人生之计，变则通，通则久，关键是你是否掌握了"变通"的真正意义。你是职场中的一分子，你所面对的是随时都在变化的职场环境，如果你用一成不变的习惯来迎接变化无穷的职场，那么你必然会遭到职场的淘汰。把变通作为自己的习惯，以变应变，这是面对竞争社会的最佳态度。

变通能够使我们化尴尬为融洽，变劣势为优势，使我们的人生之路更加从容，更加游刃有余。

有一个故事则显示了不能变通的一个结果。

从前，有一个卖草帽的人，每一天，他都很努力地卖着帽子。有一天，他叫卖得十分疲累，刚好路边有一棵大树，他就把帽子放下，坐在树下打起盹来。等他醒来的时候，发现身旁的帽子都不见了，抬头一看，树上有很多猴子，而每只猴子的头上都有一顶草帽。他想到，猴子喜欢模仿人的动作，于是他赶紧把头上的帽子拿下来，丢在地上。猴子也学他，将帽子纷纷扔在地上。卖帽子的高高兴兴地捡起帽子，回家去了。回家之后，他把这件奇特的事告诉了他的儿子和孙子。

很多很多年后，他的孙子继承了祖业。有一天，在他卖草帽的时候，也跟爷爷一样，在大树下睡着了，而帽子也同样地被猴子拿走了。孙子想到爷爷曾经告诉他的方法。他脱下帽子，丢在地上，可是，奇怪了，猴子竟然没有跟着他做，还直瞪着他，看个不停。不久之后，猴王出现了，捡起地上的帽子，说："开什么玩笑！你以为只有你有爷爷吗？"

在今天这个资讯爆炸、瞬息万变的时代里，过去成功的经验，往往就是此刻失败的最大原因。因此，凡事要具体情况具体分析，灵活运用。

当我们遇到困难的时候必须学会变通。因为客观的情况在不断地变化，我们必须随着客观情况的变化而不断变化。诸如诸葛亮所说："因天之时，因地之势，依人之利而所向无敌。"只有这样，我们才能克服各种困难走向成功。

对于善于变通的人来说，这个世界上不存在困难。只是暂时没有找到合适的办法而已，所以善于变通的人只有一个归宿，那就是成功。

人生在世，每个人的自身条件都不一样。每个人遇到的困难也不尽相同，但是有一点是一样的，那就是懂不懂变通将决定其是否能够取得成功。

萧伯纳说："聪明的人使自己适应世界，而不明智的人只会坚持要世界适应自己。"

而我们今天要说："变通是天地间最大的智慧，是智慧中的智慧。变通是一种方法，是一种策略，更是一种艺术。"

让我们学会变通吧，让我们走向成功的大道吧。假如我们陷入困境，不要消沉，不要焦虑，有一条路可以绕开人生路上很多的坎坷使我们走向成功，那就是变通。

让我们学习它，掌握它，运用它吧，只有这样我们才能在人生长河中游刃有余。许多的成功人士一生不败，关键就在于用绝了为人处世变通之道，进退之时，俯仰之间，都超人一等，让左右暗自佩服，以之为师。

学会为人处世变通之道不是"空头支票"，而是决定你能否从人群中挺立起来的第一关键；反之，凡不知为人处世变通之道者，一定会在许多重要时刻碰得头破血流，跌入失败之境。

两个探险家在林中狩猎时，一头凶猛的狮子突然跳到他们面前。

"保持镇静"，第一个探险家悄悄地说，"你还记得我们看过的那本关于野生动物的书吗？那书上说，如果你非常冷静地站着别动，两眼紧盯着狮子的眼睛，那它就会转身跑开的。"

"书上是那么写的，"他的同伴说，"你看过这本书，我也看过，可这头狮子看过吗？"

学会应变，学会变通，不可太形而上学。莫里哀说："变通是才智的试金石。"世间万物都在变。没有变化，就会落后，就无法生存。事变我变，人变我变，方可生存。成功离不开变通。

美国食品零售大王吉诺·鲍洛奇一生给我们留下了无数宝贵的商战传奇。10岁那年，鲍洛奇的推销才干就显露出来了。那时他还是个矿工家庭的穷孩子，他发现来矿区参观的游客们喜爱带走些当地的东西作纪念，他就拣了许多五颜六色的铁矿石向游客兜售，游客们果然争相购买。不料其他的孩子立即群起效仿，鲍洛奇灵机一动，把精心挑选的矿石装进小玻璃瓶。阳光之下，矿石发出绚丽的光泽，游客们简直爱不释手，鲍洛奇也乘机将价格提高了一倍。也许正是这个有趣的经历，使得鲍洛奇对变通销售与定价有独到的理解。在一生的商业生涯中，他一直保持灵活变通的思想。

鲍洛奇的公司曾生产一种中国炒面，为了给人耳目一新的感觉，他在口味上大动脑筋，以浓烈的意大利调味品将炒面的味道调得非常刺激，形成一种独特的中西结合的口味，生产出了优质的中国炒面。同时，使用一流的包装和新颖的广告展开大规模的宣传攻势，打出"中国炒面是三餐之后最高雅的享受"的口号，把中国炒面暗示成家庭财富和社会地位的象征。鲍洛奇这一做法相当成功。他把注意力主要集中在了大量中等收入的家庭上。他认为，中等收入的家庭，一般都讲究面子，他们买东西固然希望质优价廉，但只要有特色，哪怕价钱贵一些，他们也认为物有所值，他们是中国食品生意的主要对象。所以针对他们的心理，鲍洛奇在包装和宣传上花了很多精力。果然不出所料，中等家庭的主妇们皆以选购中国炒面为荣，尽管鲍洛奇的定价很高，她们依然不觉得贵。

另一方面，鲍洛奇很会揣摩顾客的心理，常常利用较高的价格吸引顾客的注意力。由于新产品投放市场之初，消费者对这种相对高价格商品的品质充满了好奇，很容易就激发了他们的购买欲。并且，一种产品的定价较高，可以为其他产品的定价腾出灵活的空间，企业总能占据主动。当然，这一切都是建立在产品的品质的确不同凡响的基础上的。

有一次，鲍洛奇的公司生产的一种蔬菜罐头上市的时候，由于别的厂商同类产品的价格几乎全在每罐0.5美元以下，所以公司的营销人员建议将价格定在0.47美元到0.48美元之间。但鲍洛奇却将价格定在0.59美元，一下提高了20%！鲍洛奇向销售人员解释说，0.5美元以下的类似商品已经很多了，顾客们已经感觉不到各种商品之间有什么区别，并在心理上潜意识地认为它们都是平庸的商品。如果价格定在0.5美元以下，顾客自然会将之划入平庸之列，而且还认为你的价格已尽可能地定高，你已经占尽了便宜，甚至产生一种受欺骗的感觉；若你的产品价格定在0.5美元以上，立即就会被顾客划入不同凡响的高级货一类；定价至0.59美元，既给人感觉与普通货的价格有明显差别，品质也有明显差别，还给人感觉这是高级货中不能再低的价格了，从而使顾客觉得厂商很关照他们，顾客反而觉得自己占了便宜。经鲍洛奇这么一解释，大家恍然大悟，但总还有些将信将疑。后来在实际的销售中，鲍洛奇掀起了一场大规模促销行动，口号就是"让一分利给顾客"，更加强化了顾客心中觉得占了便宜的感觉，蔬菜罐头的销售大获全胜。0.59美元的高价非但没有吓跑顾客，反倒激起了顾客选购的欲望，公司的营销人员不得不佩服鲍洛奇善于变通的本事。

一位心理学家说过："只会使用锤子的人，总是把一切问题都看成是钉子。"正如卓别林主演的《摩登时代》里的主人公一样，由于他的工作是一天到晚拧螺丝帽，所以一切和螺丝帽相像的东西，他都会不由自主地用扳手去拧。在工作中，遇到问题时，一定要努力思考：在常规之外，是否还存在别的方法？是否还有别的解决问题的途径？只有懂得变通，才不会被困难的大山压倒，才能发现更多更好更便捷的路子。

有人曾说过："如果一个美国人想欧洲化，他必须去买一辆奔驰；但如果一个人想美国化，那他只需抽万宝路，穿牛仔服就可以了。"可见，"万宝路"已不仅仅是一种产品，它已成为美国文化的一部分。但是，"万宝路"的发迹史并非是一帆风顺的，它的成功跟公司员工善于变通是分不开的。

美国的19世纪20年代被称作"迷惘的时代"。经过第一次世界大战的冲击，许多青年自认为受到了战争的创伤，只有拼命享乐才能冲淡创伤。于是，他们或是在爵士乐中，尖声大叫，或是沉浸在香烟的烟雾缭绕之中。无论男女，都会悠闲地衔着一支香烟。女性是爱美的天使，她们抱怨白色的烟嘴常常沾染了她们的唇膏，她们希望能有一种适合女性吸的香烟。于是，"万宝路"问世了。

"万宝路（Marlboro）"其实是"Man Always Remember Lovely Because Of Romantic Only"的缩写，意为"只是因为浪漫，男人总忘不了爱"。其广告口号是"像五月的天气一样温和"，意在争当女性烟民的"红颜知己"。然而，"万宝路"从1924年问世，一直到50年代，始终默默无闻。它颇具温柔气质的广告形象没有给淑女们留下多么深刻的印象。回应莫里斯公司热切期待的，只是现实中尴尬的冷场。

经过沉痛的反思之后，莫里斯公司意识到变通的重要性，将万宝路香烟重新定位，改变为男子汉香烟，大胆改变万宝路形象，采用当时首创的平开盒盖技术，以象征力量的红色作为外盒的主要色彩。在广告中着力强调万宝路的男子汉形象：目光深沉、皮肤粗糙、浑身散发着粗犷和原野气息、有着豪迈气概。他的袖管高高卷起，露出多毛的手臂，手指间总是夹着一支冉冉冒烟的万宝路香烟，跨着一匹雄壮的高头大马驰骋在辽阔的美国西部大草原。

这个广告于1954年问世后，立刻给公司带来了巨大的财富。仅1954年至1955年间，万宝路的销售量提高了三倍，一跃成为全美第十大香烟品牌。1968年，其市场占有率升至全美同行的第二位。从1955至1983年，莫里斯公司的年平均销售额增长率为247%，这个速度在战后的美国轻工业中首屈一指。

万宝路成为世界500强的重要原因在于其员工和领导善于变通。思路决定出路，稍加变通，便有了更多的路子。

变通能够缔造双赢。员工通过变通可以取得非凡的业绩，实现个人的价值，同时，也会给企业带来经济效益，而且能为企业打造良好的客户关系，从而实现员工、企业、客户之间多方面的共赢。

让我们来看看下面这个聪明孩子是怎样运用变通之术的。

有一个聪明的男孩，一天妈妈带着他到杂货店去买东西，老板看到这个可爱的小孩，就打开一罐糖果，要小男孩自己拿一把糖果。

但是这个男孩却没有任何的动作。几次的邀请之后，老板亲自抓了一大把糖果放进他的口袋中。

回到家中，母亲很好奇地问小男孩，为什么没有自己去抓糖果而要老板抓呢?

小男孩回答得很妙: "因为我的手比较小呀! 而老板的手比较大,所以他拿的一定比我拿的多很多!"

这是一个聪明的孩子,他知道自己的力量有限,更重要的,他明白别人比自己强。凡事不只靠自己的力量,学会适时地依靠他人,是一种谦卑,更是一种聪明。

所以说,穷则变,变则通,通则久。遇到困难就要改变自己的思路和行为,只有改变,才能克服困难,走向成功。

1945年战败的德国一片荒凉,一个年轻的德国人在街上发现——当时德国人处于"信息荒",国民获得的信息非常匮乏。于是他决定卖收音机! 可是,当时在联军占领下的德国,不但禁止制造收音机,连销售收音机也是违法的。这名年轻人就将组成收音机的所有零件、线路全部都配备好,附上说明书,一盒一盒以"玩具"的形式卖出,让顾客动手组装。这一思路果然产生奇效,一年内卖掉了数十万盒,奠定了西德最大电子公司的基础,这个年轻人名叫马克斯·歌兰丁。

马克斯·歌兰丁巧妙地打破了常规,获得了成功。在现实工作中,优秀员工懂得在困境面前主动地改变自己的思路和方法,用创新的精神去克服困难;而末流的员工只是固守旧有的思维模式和行为模式,不懂得随着外界环境的变化而灵活创新,最后的结局只能是工作毫无突破,甚至会被毫不留情地淘汰,成功对于他们来说,永远都是可望而不可即的。

弱者等待机会,强者创造机会。

美国的两个饮料界巨人——可口可乐与百事可乐，从1902年百事可乐问世以来，彼此斗了上百年。因为可口可乐比百事可乐先上市13年，因此百事可乐一直处于被动地位。到了20世纪50年代，可口可乐仍以二比一的优势领先百事可乐。然而到了80年代，双方的差距逐步缩小，可以说势均力敌，彼此厮杀得非常激烈。

在这短兵相接的市场争夺战中，美国百事可乐总裁罗杰·因瑞可总是拿"两个和尚过河"的故事来勉励自己。故事是这样说的：

有两个和尚决定从一座庙走到另一座庙，他们走了一段路之后，遇到了一条河。一陈暴雨，可上的桥被冲走了，但河水已退，他们知道可以涉水而过。

这时，一位漂亮的妇人正好走到河边。她说有急事必须过河，但她怕被河水冲走。

第一个和尚立刻背起妇人，涉水过河，把她安全送到对岸。第二个和尚接着也顺利渡河。

两个和尚默不作声地走了好几里路。

第二个和尚突然对第一个和尚说："我们和尚是绝对不能近女色的，刚才你为何犯戒背那妇人过河呢？"

第一个和尚淡淡地回答："我在好几里路之前就把她放下来了，可是我看你到现在还背着她呢！"因瑞可在他所写的《百事称王》一书中，不断地告诫自己，要学习第一个和尚勇于行事的行为，而不要像第二个和尚，那么轻易就被一个成规束缚住了。

美国首富保罗·盖帝说："墨守成规是致富的绊脚石。真正成功的商人，本质上流着叛逆的血。"每个员工都应该学会变通，在变通中发展，在变通中走向成功。假如你陷入了困境，不要消沉，不要焦虑，有一条路可以绕开生活道路上的一切障碍让你到达目的地，这条路就是所谓解决问题的绝妙方法——变通。

日本松下公司十分重视员工的变通能力，他们要求员工具有高度的敬业精神，并能将个人智慧变通地运用于工作中。这一点，从松下公司对员工的选拔和考核中可见一斑。

有一次，日本松下公司准备从新招的三名员工中选出一位做市场策划，于是，他们例行上岗前的"魔鬼训练"，以此决出胜负。

公司将他们从东京送往广岛，让他们在那里生活一天，按最低标准给他们每人一天的生活费用2000日元，最后看他们谁剩的钱多。

剩下钱是不可能的：一罐乌龙茶的价格是300日元，一听可乐的价格是200日元，最便宜的旅馆一夜就需要2000日元……也就是说，他们手里的钱仅仅够在旅馆里住一夜，要么就别睡觉，要么就别吃饭，除非他们在天黑之前让这些钱生出更多的钱。而且他们必须单独生存，不能联手合作，更不能给人打工。

第一名员工非常聪明，他用500日元买了一副墨镜，用剩下的钱买了一把二手吉他，来到广岛最繁华的地段——新干线售票大厅外的广场上，演起了"盲人卖艺"，半天下来，他的大琴盒里的钞票已经满满的了。

第二名员工也非常聪明，他花500日元做了一个大箱子，上写：将核武器赶出地球——纪念广岛灾难55周年暨为加快广岛建设大募捐，也放在这最繁华的广场上。然后，他用剩下的钱雇了两个中学生作现场宣传演讲。还不到中午，他的大募捐箱就满了。

第三名员工真是个没头脑的家伙，或许他太累了，他做的第一件事就是找了个小餐馆，一杯清酒一份生鱼一碗米饭，好好地吃了一顿，一下子就消费了1500日元。然后，他钻进一辆废弃的丰田汽车里美美地睡了一觉……

广岛人真不错，前两名员工的"生意"异常红火，一天下来，他们对自己的聪明和不菲的收入暗自窃喜。谁知，傍晚时分，厄运降临到他们头上，一名佩戴胸卡和袖标、腰挎手枪的城市稽查人员出现在广场上。他扔掉了"盲人"的墨镜，摔碎了"盲人"的吉他，撕破了"募捐人"的箱子并赶走了他雇的学生，没收了他们的"财产"，收缴了他们的身份证，还扬言要以欺诈罪起诉他们……

这下完了，别说赚钱，连老本都亏进去了。当他们想方设法借了点路费、狼狈不堪地返回松下公司时，已经比规定时间晚了一天。更让他们脸红的是，那个稽查人员正在公司恭候！

是的，这个"稽查人员"就是那个在饭馆里吃饭、在汽车里睡觉的第三名员工，他的投资是用150日元做了一个袖标、一枚胸卡，花350日元从一个拾垃圾老人那儿买了一把旧玩具手枪和一脸化妆用的络腮胡子。当然，还有就是花1500日元吃了顿饭。

这时，松下公司国际市场营销部课长宫地孝满走出来，一本正经地对站在那里怔怔发呆的"盲人"和"募捐人"说："企业要生存发展，要获得丰厚的利润，不仅仅要会吃市场，最重要的是还要懂得怎样吃掉市场上的敌人。"

故事里的第三位员工懂得吃掉市场的人，他无疑是三者中最讲方法和策略的。他的成功胜出让我们看到了"变通"所能产生的作用和能量。

从成功的角度来讲，两点之间的最短距离并不一定是条直线，也可能是一条障碍最小的曲线。

要找到这条曲线，需要一颗时时寻找方法去处理事情和面对困难的心。一流的员工，会养成变通的习惯，力争做到最好。每个渴望实现自我价值和最大潜能的人，从现在开始就要开启智慧的心，变通地克服困难。这也许是松下"魔鬼"考核给我们最大的启示。

懂得职场中的攻与守

西点军校训诫学员：除非你知道竞争对手是谁，他们正在干什么，否则你无法在竞争中取胜。战争史上有过辉煌战绩的军事家都承认：在向敌人挑战之前，应该尽可能多地了解敌人。在该进攻的时候进攻，该防守的时候防守，这才是兵家的必赢之道。

在西点军人看来，只是勇于进攻还远远不够，要想一场战争，你必须把握最佳时机。对于军人来说如此，对于我们普通人来说也是如此。在激烈的博弈中，集中"动力"出击更有效果。同样，在生活中，做任何事时都不能有太多目标，否则就会"贪多嚼不烂"，应该集中精力专注于一时一事，这样成功率会更高。

人生总有迫不得已的时候，懂得后退是一门学问。在不能前进时，如果还往前冲，就可能遭遇大麻烦，甚至大危险。退一步是为了更好地进一步。这个道理人人皆知，但只有少数人才能做到进退自如。事实证明，不善进退者，自然是败者。

生活中的事情也是如此，下蹲是为了起跳，不要误认为"撤退"就是懦弱和认输的表现。为了最终的胜利，能够不顾他人的看法暂时"撤退"也是有勇气的体现。

英国著名军事战略家李德·哈特曾经对有史以来世界上最经典的290个战例一一做了胜败分析。结果，他发现以正面攻击取胜的战例只有6个。而且这6个都不是一开始就计划采取正面攻击的，而是在战斗的过程中，迫于需要而改变战术的结果。这一研究结果让人感到非常惊讶。因为大多数人都认为，正面攻击是唯一制胜的手段。这一研究结果对西点的一些传统教学理念产生了深远的影响。

这个研究表明：正面攻击的一方经常会使自身处于不利地位。这就像下棋，往往先出招的一方要以失败告终，因为，你在出招的同时，也把自己的棋艺和思维习惯展示给了对方。对方知道你的底细，当然就会对症下药、有的放矢了。

电影《斯巴达克思》中有这样一个情节：沦为角斗士的斯巴达克思要与三个强悍的对手抗衡，就个别而言，他是没问题的，但对手如果联合进攻，那他必败无疑。非常时刻，斯巴达克思拔腿奔逃，就在他溃逃的奔跑中，三名对手渐渐拉开了距离。猛然间，斯巴达克思回过头来，击倒第一个对手，接着是第二个、第三个。此时，看台上的耻笑声已变成了欢呼。

斯巴达克思的机智告诉我们：逞一时之勇的人不会成为最终的胜利者。在面对强大的敌人时，懂得防守是聪明人的做法。这就是战术上的"迂回攻击法"。使用"迂回攻击法"可以避开敌人的强势，从侧翼攻击，这是取胜的智谋。

在激动人心的《永恒的马塔哥尼亚》一书中，格雷戈里·克劳奇谈到面对地球上最高的山峰，就像它们是你将要去征服的敌人。他在征服这些山脉之前恰当地进行了多年研究。刚开始，克劳奇通过先勘查一个类似的环境，着手了解他将要面对的"敌人"——阿根廷和智利那难以征服的、狂风呼啸的马塔哥尼亚山脉。

通过攀登约塞米蒂国家公园的埃尔卡皮坦，他战胜了一个主要障碍。有人曾告诉他说，任何有志于攀登世界上最伟大的山脉的人，都需要在约塞米蒂国家公司的高墙上自如地攀登。在开始攀登埃尔卡皮坦两天后，他离地面已经2000英尺高，墙面朝上盘旋，就像一片由花岗岩组成的海洋。他甚至感觉不到头顶上1000英尺处会是什么样的路线。他在直立的花岗岩之海中迷失，浑身上下充满了恐惧感。在他们度过整个晚上的岩脊边沿上，他因恐惧而呕吐。他的技能没有问题，但从精神上讲，他却做不到充分运用这种技能，而要想征服马塔哥尼亚山脉，他还需要在这么高的墙壁上处之泰然才行。

克劳奇最终充分体验到了那些山脉的难度，他先后七次到巴塔哥尼亚探险。他第一次到塞罗托雷的西部怪地攀登时，用上了这一过程中的宝贵经验。在马塔哥尼亚，如果他只是在第一次探险开始时才了解这些花岗岩组成的"怪物"，结果将注定会失败——甚至连性命都要搭上。

显然，克劳奇在征服"敌人"之前恰当地了解了敌人。这启示我们：在出击之前，要充分地了解你要征服的敌人，这就是所谓的知己知彼。相同的道理，过早地暴露于你不了解的敌人之前是愚蠢的。获胜的领导者在战斗打响的第一天前便对敌人了如指掌并制订好了对策。生活中也是如此，熟悉竞争对手至关重要。正如一位商界名人所说："愚蠢的人只注重解决方案，而聪明的人则侧重于认识问题。"

职场中要懂得坚忍

走进西点大门的学员，很快就知道什么叫坚忍。坚忍就是必须达到训练的要求，没有任何通融。因为军事活动是真刀真枪的活动，拿生命与困难拼搏的时候，谁降低标准，谁就会失败，甚至死亡。同时，军事活动是充满困难的领域，不确定因素很多，比如地形复杂、气候恶劣、对手强大、部队不精、装备较差，它们时刻考验着指挥官，没有坚强的意志力就顶不住，就可能垮下来。因此，西点不管外界怎样批评，在设置训练的难度和强度上不减分毫。他们提出，在这些困难面前，格兰特过去了，潘兴过去了，麦克阿瑟过去了，布莱德雷过去了……你们也要过去。

西点人并不会事事莽撞蛮干，他们知道，要想赢得一场战争，单单靠勇于进攻是远远不够的，有时他们也会选择放弃，因为他们知道放弃也是一种智慧，会让你更加清醒地审视自身内在的潜力和外界的因素，会让你疲惫的身心得到调整，才能开始新的追求，才能成为一个快乐明智的人，才能开始新的一轮战争。

东芝公司不仅生产出具有竞争力和吸引力的产品，在营销方面也花费大量心思，因此才能拥有蓬勃发展的成功事业。

对于企业来说，老板是一个特殊人物，老板的行为往往对员工起表率作用。松下幸之助认为，要提高商业效益，首先老板就要以身作则，起好带头作用。让部下从刚一开始参加工作，就培养敬业的好习惯。

日本企业家土光敏夫认为，老板以身作则的管理制度不仅能为企业带来巨大的经济效益，而且还是企业培养敬业精神的最佳途径。

日本东芝电器公司是当今世界上屈指可数的名牌公司之一。但是，二十多年前，东芝电器公司因经营方针出现重大失误，负债累累，濒临倒闭。在这个生死关头，东芝公司把目光盯在了日本石川岛造船厂总经理土光敏夫的身上，希冀能借助土光敏夫的"神力"，力挽狂澜，把公司带出死亡的港湾，扬帆远航。

土光敏夫在领导管理方面具有大将风范。早在"二战"结束时，负债累累、濒于破产的石川岛造船厂毅然挑选了土光敏夫出任总经理。土光敏夫分析了国内外形势，得出了一个结论：困难是暂时的，经济复苏必然会来临，而经济复苏离不开石油，运输石油又离不开油轮，油轮越大则越"经济"。为此，土光敏夫果断决策：组织全体技术人员攻坚，建造20万吨巨型油轮。由于从来没建造过这样大的油轮，全厂员工信心不足。土光敏夫不断地与各级管理人员促膝交谈，鼓舞士气。为了集思广益，土光敏夫创办内部刊物《石川岛》，让全厂员工随意发表意见。土光敏夫还建立目标管理制度，把全体员工的利益、荣辱与造船厂的利益、荣辱紧紧联系在一起，终于造出了20万吨级油轮，使造船厂摆脱了困境。

土光敏夫从一开始就把造船质量放在第一位，1950年，一艘高速巨轮在驶出船坞时撞在了码头上，码头被撞坏，巨轮只有些轻微损伤，经检查后，一切正常。这件事传出后，世界各地的船商都看好石川岛的船，购买新船的订单接连不断，石川岛从此称雄世界，土光敏夫也从此载誉世界。

东芝公司担心的是：土光敏夫的事业如旭日东升，他会抛弃一个成功的事业而进入一个负债累累的企业出任"社长"吗？令东芝惊异的是，土光敏夫立即做出响应："没问题！"

土光敏夫就任东芝电器公司董事长所"烧"的第一把"火"是唤起东芝公司全体员工的士气。土光敏夫指出：东芝人才济济，历史悠久，困难是暂时的，曙光即在前面。土光敏夫说："没有沉不了的船，也没有不会倒闭的企业，一切事在人为。"在唤起东芝公司全体员工的信心后，土光敏夫大力提倡毛遂自荐和实行公开招聘制，想方设法把每一个人的潜力都发挥出来。

有一次，土光敏夫听业务员反映，公司有一笔生意怎么也做不成，主要原因是买方的课长经常外出，多次登门拜访他都扑了空。土光敏夫听到这种情况，沉思了一会，然后说："是吗？请不要泄气，待我上门试试。"

这名业务员听到董事长要亲自上门推销，不觉大吃一惊。一是担心董事长不相信自己的真实反映；二是担心董事亲自上门推销，万一又碰不到那位课长，岂不是太丢一家大公司董事长的脸？那位业务员越想越害怕，急忙劝说："董事长，您不必亲自为这些琐碎小事操心，我多跑几趟总会碰上那位课长的。"但土光敏夫并不考虑那么多，也不顾及什么面子问题，最重要的是能够做成生意就行。

第二天，他真的亲自来到那位课长的办公室。果然，也是未能见到那位课长。事实上，这是土光敏夫预料中的事，但他并没有马上告辞，而是坐在那里等候。等了老半天，那位课长才回来。当他看了土光敏夫的名片后忙不迭地说："对不起，对不起，让您久等了！""贵公司生意兴隆，我应该等候。"土光敏夫毫无不悦之色，相反微笑着说。那位课长明知自己企业的交易额不算多，只不过几十万日元，而堂堂的东芝公司董事长亲自上门进行洽谈，觉得赏光不少，于是很快就谈成了这笔交易。

最后这位课长热切地握着土光敏夫的手说："下次，本公司无论如何一定买东芝的产品，但唯一的条件是董事长不必亲自来。"随同土光敏夫前往洽谈的业务员，目睹此情此景，深受教育。

土光敏夫此举不仅做成了生意，而且以他坦诚的态度赢得了顾客。此外，他的这种耐心而巧妙的营销技术，对企业的广大员工是最好的教育和启迪。东芝公司在土光敏夫的带动下，营销活动十分活跃，公司的信誉大增，生产兴隆发达。

土光敏夫认为，以董事长之尊从事推销是理所当然的事，不会因此有失身份。当然，管理者亲躬亲为，只是一种示范行为，并不是每笔交易都需要。

土光敏夫还大力提倡敬业精神，号召全体员工为公司无私奉献。土光敏夫的办公室有一条横幅："每个瞬间，都要集中你的全部力量工作。"土光敏夫以此为座右铭，他每天第一个走进办公室，几十年如一日，从未请过假，从未迟到过，一直到八十高龄的时候还与老伴一起住在一间简朴的小木屋中。

土光敏夫有一句名言："上级全力以赴地工作就是对下级的教育。职工三倍努力，领导就要十倍努力。"如今，日本东芝电器公司已经跻身于世界著名企业的行列，它与石川岛造船公司同被列入世界100家大企业之中。这与土光敏夫以身作则、身先士卒的管理制度是分不开的。

通过上述案例我们看出，在我们的工作中，很多事情都需要有足够的耐心才能做好。如果我们有足够的耐心，我们就很少会有做不好的工作。

主动出击才能抢占先机

在西点，鲁莽行事、以硬碰硬被视为一种极其愚蠢的行为。西点人看重勇气与决心，但也重视方法。西点人认为一场没有方法的进攻只能导致失败，只有勤于思考的人才能领导人们走向胜利。

人的一生，能够御清风，大鹏一日同风起，扶摇直上九万里，固然可喜，但人生不如意事十有八九，若遇到困难、挫折，能够用巧借力，抽云拨雾现青天，篷舟吹取三山去，一样也很精彩。

在通常的交际过程中，人们总希望把话说得清楚明白、准确无误。但在特定的场合中，说话人有时却故意把字念错，把词用错，把事说错。奇妙的是，这些故意说错的语言，不仅不影响正常的交际，反而使语言产生一种神奇的艺术效果。这就是变通的艺术和魅力。

在一次宴会上，一位资本家问美国著名作家海明威："什么是最好的写作方法？"海明威答："从左往右写。"对一位根本不懂得写作的资本家，要揭示写作方法的内涵是十分困难的，于是海明威故意"答非所问"，不仅巧妙地回避了这一较为复杂的问题，而且还含有调侃、戏谑对方之意味。由此可知，这种"故意的错"，还有化被动为主动、置对方于窘境的作用。

1980年西点毕业生、西点前校长佛雷德·W. 斯莱登说："在人生的战场上，幸运总是青睐于能够努力奋斗抢占先机的人。"对军人来说，时间就是生命，一分钟的延误可能造成整个战役的失败，只有主动出击才能抢占先机。任何时候消极懈怠的军人都会受到最严厉的惩罚，最严重时会被开除。西点军人用他们的行动规则提醒我们，被动意味着受制于人，只有主动才能制胜。

世界是变化的，社会是发展的，固守着现实的一切只会沦为生活的奴隶。只有主动调整心态、适应变化，不断地创新前进，才能不断排除困难、获得成功。现在的求职者，面试时常处于一问一答的被动状态，而西点军校1915届毕业生、五星上将布莱德雷非常注意斗争策略，经常能够化被动为主动。

在长期的军事生涯中，布莱德雷从不逞匹夫之勇硬冲硬打，鲁莽行事。在战斗中，有时候敌人的力量相对强大，布莱德雷总能够保持冷静的头脑，从不冒险去攻击敌人，甚至做出某些让步。在一次攻坚战中，敌军的力量相当强大，布莱德雷奉命在天黑之前攻下敌人的山头。在攻打了几个小时后，敌军强大的武器装备使布莱德雷的军队难以抵挡。于是，布莱德雷便率兵退下阵来。得知他们撤退的消息后，布莱德雷的长官非常生气，以为布莱德雷是败退。晚间，长官正要找布莱德雷训话，却听到了山后面的枪炮声。原来，布莱德雷退下来后便率兵悄悄地绕到敌人阵地的后面，准备给敌人一个突然袭击。

布莱德雷很清楚，在军事斗争中，只贪一时之功，图一时之快，危险非常大，有时很可能导致全军覆没，前功尽弃。只有具备长远眼光和全局观念，有屈有伸，才有可能夺取最后的胜利。

西点人重视集中打击，以优势兵力取得阶段性胜利。担负打仗任务的士兵要到前方巡视。一般说来，军人会有这样几种巡逻方式：侦察式巡逻，意思是在一定距离上了解敌人，尽可能多地搜集有用情报。深入敌方进行巡逻是通过敌方穿越敌军边界而尽量不被发现，以便对敌军全貌、敌人在干什么有个详尽的了解。探查式巡逻，意思是静静地袭扰敌人到其不得不开火的程度，由此暴露出敌军的火力位置，发现敌军防御中的缺陷和弱点。一旦这些防守弱点暴露出来，负责巡边的士兵便可以确定怎样利用它们。将最大力量用于打击敌军这些敏感地带，便是将有限资源用到了产生最有利的效果之处。

西点军校的校训有这样的一条：正确的战略战术比优势的兵力更重要。也就是说，要善于利用进退规则，退是为了更好的进。只要心中胜利的渴望和信念没有消失和冷却，养精蓄锐，审时度势，制定正确的对策，必定会取得胜利的。

生活中，我们经常会面临不利于自身发展的客观环境，如果不能积极主动寻找机会，就可能陷于被动的尴尬境地，离成功越来越远。机遇无处不在，关键看你能否把握住。现实生活中的一些机遇，只有用心的人才能发现。如果你没有用心去寻找，这种机会转瞬间就会变得毫无意义。机会永远垂青于用心准备的人。只有那些积极主动的人，才能从最平淡无奇的生活中发现机会，采取积极的行动获得成功。

当托尼以财务部职员身份进入摩托罗拉德国分公司时，他在移动通信领域毫无工作经验，但他拥有出类拔萃的品质，他工作积极主动，待人真诚，经常义不容辞地帮助同事们，而不仅仅只是签签支票、记记账而已。他刚来公司的时候，公司人员流失严重，他提出了一个特殊的计划，最大限度地利用现有的人力资源，这个计划非常奏效。他对整个公司都充满责任感，而不仅仅关心自己的部门。他为生产部做了一份详尽的资金预算，说明投资3000美元购买新机器将得到如何的回报。

公司的业务一度陷入低谷，他找到业务经理，说："我对业务不熟悉，但是我想试着帮个忙。"他确实做到了。他提出许多构想。帮公司完成了几笔大业务。每位新雇员加入后，他都会帮助熟悉环境、建立信心。他对整个公司的运作兴趣盎然。

"但是不要误会托尼并不是专门在我面前表现自己。他纯粹是把公司的事业当成了自己的事业。"公司的总经理这样评价他，并且对其不断提拔。当三年后总经理退休后，托尼理所当然地成了他的接班人。

托尼踏上了通往舒适生活的高速公路上，他掌握了成功的基本原则：一个人目前拥有多少并不重要，重要的是，他打算获得多少，并且是否积极主动地为之努力。

我们都可以从他身上学到一些经验，一个人不要局限于自己的工作，只要你能尽力，你就可以多为公司内其他的部分的工作贡献自己的一分力量，因为自己在这个过程中也可以得到成长。托尼从始至终就没有把自己仅仅当成一名普通会计，而是把自己当成公司的一员，正是这种思想，让他有了积极主动的工作态度。

在职场中，一个人只要具备了积极主动、永争第一的品质，不管做的是多么简单、枯燥的工作，都有成为优秀员工的希望。如果你在服从上司指令的基础上，再做好自我管理和自我激励，这样，你就更有机会成为优秀员工了。

第五章
提升你的职场合作能力

　　企业强大的竞争优势不仅在于员工个人能力的卓越，更重要的是体现为团体合作力量的强大。

培养合作精神

合作精神被认为是最受企业欢迎的精神，几乎每个企业在招聘员工时，都把合作精神作为录取的重要标准之一。一个人能够同他人协作，表明他对自己所在的团队负责，这种负责实际也是对自己的负责。其实合作就是顾全大局的利益，一个合作的人懂得"唇亡齿寒""皮之不存，毛将附焉"的道理，总是力求服从全局，凡事从大局着想，不会单单考虑个体的利益。

大卫·奥格威曾经被《时代》周刊称为"当今广告业最抢手的广告奇才"，也是现代广告教皇。他就是一个懂得主动与他人合作的典范。

1949年，38岁的大卫·奥格威在纽约创办奥美广告公司，那时的他一无所有，没有文凭，没有客户，银行的账户里只有6000美元。挂牌营业那天，他发表了这样一个公告：

"本公司刚刚成立，为了发展，在一段时间内，大家须超时工作，工资却低于一般水平。本公司重点招聘具有合作精神的人。我不用那些能力突出，却总是单打独斗的人。我寻求有头脑、顾全大局的人。一家公司规模的发展，取决于每个人的合作。目前公司初建，资金并不雄厚，但在1960年前，我们要把它发展成一家大公司。"

在大家的齐心协力下，公司发展非常迅速。一年后，奥美公司成为全球最大的5家广告代理商之一，在29个国家设有分公司，拥有1000个客户，营业额达8亿美元。大卫·奥格威聘用人才的标准就是，当发掘出一个善于合作又比自己还杰出的人才时，他会立即聘用他。

现在，奥美广告公司在100个国家和地区设有359个办事机构，拥有1万多名员工，为众多世界知名品牌提供专业性的策略顾问和传播服务。

一个企业的成功，离不开所有组成人员的努力。不管你是多么优秀，都离不开与他人的相互合作。因此，每个优秀的员工都必须为企业的成功负起责任，也必须为其中的每个同事的成功担起义务。每个员工的出色合作，会为整个企业的辉煌增添绚烂的一笔；每个员工的各行其是，也会为企业最终的瓦解留下惨重的一笔。

合作的力量是巨大的，在专业化分工越来越细、竞争日益激烈的今天，靠一个人的力量是无法面对千头万绪的工作的。一加一等于二，这是人人都知道的算术，可使用在人与人的团结合作上，所创造的业绩就不仅仅是一加一等于二了，而可能是一加一等于三、等于四、等于五……团结就是力量，这是再浅显不过的道理。

所以，在职场中，一定要学会合作，要懂得欣赏他人，充分发扬每个人的长处，扬长避短，资源共享，形成合力，最终才能收到"1+1>2"的效果。

世界第一行销大师阿尔·里斯说："很少人能单凭一己之力，迅速名利双收；真正成功的骑师，通常都是因为他骑的是最好的马，才能成为常胜将军。"单凭一个人的力量是很难取胜的，只有与他人合作，借助他人的力量才能达到预期的目标。

井深大刚当初大学毕业后进入索尼公司，那时索尼还是一个只有二十多人的小企业。但老板盛田昭夫充满信心，他对井深大刚说："我知道目前公司实力有限，但是只要我们合作起来，就有希望壮大。你是一个优秀的电子技术专家，我要把你安排在最重要的岗位上——由你来全权负责新产品的研发，怎么样？希望你能发挥榜样的作用，充分地调动其他人。你这一步走好了，企业也就有希望了！"

"我很愿意付出我的努力，为公司的振兴而奋斗。但是您让我负责产品的研发，我觉得自己还不是很成熟，虽然我很愿意担此重任，但实在怕有负重托呀！"虽然深井大刚对自己的能力充满信心，但是他还是知道老板压给他的担子有多重——那绝对不是靠一个人的力量能应付过来的。

盛田昭夫立即很严肃地说："如果你有这样的思想，说明你还不成熟。我之所以让你负责这件事，就是出于对你能力的信任。诚然，新的领域对每个人都是陌生的，一个人的力量也是有限的，但是只要你和大家联起手来做这件事，相信一定可以取得较好的成绩。我相信你有这个能力！众人的智慧合起来，还能有什么困难不能战胜呢？"

刚才还忧虑重重的井深大刚听完了老板的话之后，一下子豁然开朗："对呀，我怎么光想自己？不是还有二十多个员工吗，为什么不虚心向他们求教，和他们一同奋斗呢？"

于是，他找到市场部的同事一同探讨销路不畅的问题，他们告诉他："磁带录音机之所以不好销，一是太笨重，一台大约45公斤；二是价钱太贵，每台售价16万日元，一般人很难接受，半年也卖不出一台，您能不能往轻便和低廉上考虑？"井深大刚点头称是。

然后他又找到信息部的同事了解情况。信息部的人告诉他："目前美国已采用晶体管生产技术，不但大大降低了成本，而且非常轻便。我们建议您在这方面下功夫。"他回答："谢谢，我会朝着这方面努力的！"

在研制过程中，他又和生产第一线的工人团结合作，终于一同攻克了一道道难关，在1954年试制成功日本最早的晶体管收音机，并成功地推向市场。索尼公司由此开始了企业发展的新纪元！

在企业振兴的整个过程中，井深大刚就好像一个足球队的队长，在企业中充分地发挥了灵魂的作用。他懂得合作的重要性，充分调动每一个员工的积极性，把团队的力量发挥到了极致，终于取得了伟大的成就，而他也因此荣升为索尼公司的副总裁。

泰戈尔说："一朵鲜花打扮不出美丽的春天，一个人的力量总是有些单薄，只有协作才能够移山填海。"无论从事什么工作，个人的力量是有限的，都需要与他人合作，只有这样，才能让工作开展得更顺利，完成得更好、更快捷，自己也才能成长得更快。那么，怎样才能加强与同事间的合作，把自己培养成一个有团队精神的人呢？

1.平等友善

即使你各方面都很优秀，也要懂得一个人的力量是有限的，对待其他人，一定要抱着平等友善的态度对待。不要自作聪明、自视清高。

2.树立集体荣誉观

要知道你与你所在的集体是命运相连的，维护集体的利益就是维护自己的利益，因为团结他人、共同解决问题是最明智的做法。

3.要善于跟他人交流

同在一个办公室工作，你与同事之间会存在某些差别，知识、能力、经历的不同会使你们在处理工作时产生不同的想法。交流是协调的开始，把自己的想法说出来。

避免合作中产生的矛盾

我们在工作当中与同事进行合作的时候，难免会产生一些矛盾，一些小小的矛盾会成为我们与同事之间继续沟通和协作的障碍，如果我们不注意这一点，就会给我们以后的工作带来很大的麻烦。

俗话说："舌头哪有不碰牙的时候。"其实在我们的工作当中，偶尔发生一些小的误会和矛盾也是很正常的事，只要能用妥善的方法解决，就不会给我们的工作带来影响。但如果我们处理不好，原本一件很好的事情，也会搞得一团糟。

大学毕业后，两个校友一起被一家公司录用。

男孩做事果断、干净、利落，女孩对工作极为认真，没出现过一点闪失，两个人很快就得到了领导的认可，成了公司的骨干。经过一年多的努力，两个人都取得了不错的成绩，他们的工作业绩一直都是名列前茅。一次，经理把两位同时叫到了办公室，经过一番交谈后，经理表明了自己的心意，他想让两位分别担任部门主管。当经理表明意思后，两人都特别高兴，这也是他们一直都很期待的事情。两人心里虽然都很高兴，可还是表现得很谦虚，他们笑着对经理说："我们怕自己的能力还不够。"其实他们完全有胜任这个职位的能力，只是在表现谦虚。他们以为经理明白他们的想法，一定会理解他们刚才所说的话，他们高兴地走出了经理办公室，满心欢喜地准备迎接这次挑战。

当他们下班各自回到家中后，开始回想今天经理找他们谈话的那一激动时刻，男孩突然觉得这样做似乎有些不妥，他觉得当时经理的表情很无奈，他好像没能明白他们的意思。他觉得这样做很容易让他们失去这次升职的机会，就连忙拨通了经理的电话，表明了自己当时的心情。女孩并没有想这么多，她以为自己这样做是对的，做人要谦虚一点，要不然会被别人说自己是个骄傲的人。

过了一段时间在一次员工大会上，经理宣布了关于升职的事情，可奇怪的是，升职的表格里面并没有女孩的名字，这让她感到很吃惊，男孩却顺利地升为了部门主管。

谦虚地做人的确没错，可在有些时候我们一定要表明自己内心的想法，千万不要让别人去猜想你，那样很容易产生一些误会，导致我们失去了原本属于自己的东西。男孩之所以没有像女孩一样失去这次升职的机会，是因为他积极和经理进行沟通，向经理表明了自己的想法，才避免了这次误会的发生。

在我们工作当中经常会遇到同类的事情，而积极地与人沟通就是解决这一事情避免误会发生的最好办法。

杰克在一家公司工作已经很久了，自从他步入公司的那天起，就一直在努力地工作，他的业绩很稳定并且一直都在提升，按这样发展下去，公司经理这一职位一定会是杰克的。早在一个月前，就已经传出公司要提升杰克这件事了，杰克也觉得自己升职已经是铁定的事了，就只是时间问题而已。

可时间已经过去快三个月了，公司始终没有将杰克提升为经理，他有些等不及了，感到十分苦恼。经过自己私下的一番了解后，杰克找到了事情的原因。原来就在最近一段时间，公司原来的总经理被安排到了另一家分公司担任总裁，新上任的总经理对杰克的工作能力并不了解，再加上有一些嫉妒他的同事，编出了杰克作风不好的瞎话到处招摇，新任总经理听到了这些话后，不得不停止了提升杰克的计划。

刚知道这些的杰克起初产生了报复的想法，他想把那个招摇的人找出来，好好地教训他一顿。当冷静下来后，他又改变了自己的想法，他知道如果这样做，不但不能挽回自己升职的机会，还会加深与同事之间的矛盾。他反复思考后，决定找到新任的总经理，把事情和他说清楚。

一天机会终于来了，他在加班的时候遇到了总经理，他主动和总经理进行沟通，总经理也抽出了时间和杰克进行了交谈。杰克把自己对工作的看法和自身的条件都说给了总经理听。经过这次谈话后，总经理对杰克有了新的认识，他觉得杰克是一名优秀的员工，并不像其他人所说的那样，他对工作的态度极为认真。经过一段时间的观察后，总经理签发了任命书，杰克被升为部门经理。

比尔·盖茨曾这样说："能站着说话的事情就不要坐着；能在桌边解决的问题就不要进会议室；能用便条解决的事情就不要发文件。"

在很多时候当我们在工作上遇到一些误会和矛盾的时候，最好的解决办法就是多与人沟通，千万不要听到一些谣言后冲动地去做伤和气的事，要用正确的解决方法去处理误会和矛盾，坐下来心平气和地交流，把所有事情讲清楚，相信再大的误会也会被解开，再大的矛盾也会被消除。

合作完成共同目标

俗话说，三个臭皮匠，赛过诸葛亮！试问"臭皮匠"如何胜过足智多谋的"诸葛亮"呢？只在于"臭皮匠"们之间的相互协作。

任何人都生活在一定的社会经济条件下，都处在一定的政治、经济、文化环境之中，都必须适应社会潮流。在商品经济的海洋中，单靠自己独臂划船是很危险的，船驶八面风，这就在于驾船的本领，适者才能生存。

行船捕鱼必须熟悉水性，要成就事业不能不了解社会、分析社会，只要你对社会有深刻的认识和了解，必然能发现机遇，创造机遇。

要善于运用他人的力量，努力与他人合作。合作能起到一种杠杆作用，能够增大自己的力量，可以实现一个人办不到的事情，懂得借水行舟方可成就大业。给别人利益，自己方能得到回报，这是合作的基本原则。合作需要提高自己的修养素质，学会识人、用人是合作的关键，努力与他人合作，用他人的力量来实现目标，就能成就大业。当然，财富也会滚滚而来。

合作是一件快乐的事情，有些事情人们只有互相合作才能完成，不合作他办不成，你也办不成。

说到合作，有的人愿意，有的人却不愿意。比如你邀请我和你合作，你作为项目带头人能够获得巨额的奖金和荣誉奖章，我却仅仅得到一个证书，那我为什么要和你合作呢？又或者是一起去参加战斗，每次都是你去冲锋陷阵，我却每次都只是个扛旗子的，那我干吗不另寻一个队友？

是的，只有让大家都得到好处，合作才容易维系，毕竟双赢才是合作者最愿意看到的。

学员和战术教官，算得上是一种敌对关系。因为教官们必须为学员负责，将战术技能全部教给他们；而另一方面，学员们却不受这种束缚，所以会想方设法逃脱教官的火眼金睛，不被他们抓住把柄。

但是换个角度，他们又是良好的合作关系。教官在培养这些乳臭未干的孩子们的时候，发现各种各样的问题，并给予纠正。这对他们的从教经验是十分有利的，正确的做法也就是那几种，但是错误的做法却有千万种，想仅仅凭借自己坐在那里去联想是不够的，从实践中获得的这些才更具有说服力。站在学员的角度，这就更好理解了，他们学得了技能，在严格的教官管理之下抠住细节，这为以后战场之上不被战火吞噬提供了保障。

转变一下看法，就不难看出，教官和学员这两个死对头其实是在进行着双赢的合作，这也就是如何创造"1+1＞2"的答案所在。

想当年IBM和联想的联姻，不也是一次典型的双赢合作吗？IBM企业发展遇到了瓶颈，PC业务从2001年到2004年期间累计亏损9.65亿美元，直接成了拖累IBM的元凶。在IBM看来，PC市场与预想的市场产生了越来越远的距离。此时的IBM已经将重心转向了IT服务以及服务器等高技术含量、高利润、高附加产值的领域。联想，是个在中国本土生根，在中国已经家喻户晓的品牌，当时的中国市场逐渐紧缩，竞争逐渐激烈，联想此时急需走向世界，而为了能走入国际市场，联想必须先在国际上亮出名号。

2003年12月开始，联想开始着手收购IBM的PC业务并最终以17.5亿美元收购了IBM的全球PC业务。当然这一收购成就了这两家企业，IBM得到了经费，用做科研；而联想则确确实实在国际上打出了名号，直到如今在美国，很多知道联想品牌的人都是通过ThinkPad。

双赢，这应该是合作建立的根本，可是在现实社会中却常常产生了变异。人人都追求个人利益的最大化，这必然会导致在合作过程中侵吞他人的利益。而往往如此做了之后，合作很快就会分手。

一个人的力量是有限的，即使你的能力再强，也不可能用自己的力量支撑一家公司，如果你这样去做，不但会让自己在工作当中感到孤独，而且也不会得到满意的结果。不管是工作还是生活，我们都要学会与人合作，缺少合作精神的人，很难取得成功。只有员工和员工之间多多配合、团结一致，才会产生群体的力量，才可以让我们有足够的能量去完成一件事情。把话说得简单一点就是：一个人不管怎么样也没有办法把所有的事都做完，要想以最快的速度和最有效的方法去做事，最好的办法就是把我们手上的工作交给一个团队，让他们进行分类后一一完成。这样的办法不但节省了时间，也会让团队中的每个人找到自己的长处，然后根据自己的优点进行工作。同样一件事情，如果我们没有选择合作，那么所得到的结果会截然不同，不但浪费了大量的时间和精力，也会增加我们的工作压力，每完成一件事情都会感觉特别疲劳。

传说塞浦路斯里的一座城堡中曾经关押着一群小矮人，据说他们是因为受到了诅咒才被一直关押在这个与世隔绝的地方的。他们得不到任何人的帮助，城堡中也没有足够的食物，他们渐渐地感到了绝望。他们并不知道，这只是上帝对他们做出的一次关于团结、智慧和合作精神的考验。

其中一个小矮人最先得到了上帝的指点，上帝在小矮人的梦中对他说："在你们所被关押的这座城堡里，除了现在你们所在的屋子，还有其他25个房间，这25个房间当中有一个房间里有些水和食物，可以够你们维持一段时间；其他的房间里都是石头，可在这些石头当中有240块宝石，只要你们能收集到这些石头，并把它围成一个圆圈，所有的咒语都会被解除，那你们就可以逃脱这座可怕的城堡，重返自己美丽的家园。"

第二天，这个小矮人把自己受到上帝托梦指点的事情告诉了自己的伙伴，可大部分人都没有相信他所说的话，只有两个伙伴愿意和他一起努力寻找宝石。一开始他们先找来了木材，升起了篝火，这样不但可以照明，还可以帮助大家抵御寒冷，接着三个人就开始商议怎样寻找宝石：其中一个老矮人认为他们应该先去寻找食物，找到食物后就会有力气寻找宝石了；而另一个却认为应该先去寻找宝石，他不想浪费时间，要尽快把宝石凑齐，马上离开这个可怕的地方。三个人的意见都不相同，经过一番争执后他们决定各找各的。经过几天的努力，三个人都没有得到令自己满意的成果，每个人都显得特别狼狈，其他的伙伴一直都在嘲笑他们。

尽管其他伙伴没有给予他们帮助，可这三个小矮人还是没有放弃，失败让他们意识到大家应该团结起来。他们决定大家一起先寻找食物，然后再去找宝石。果然团结的力量很快就起到了效果，第二天他们就在第二个房间里找到了食物，又没过多长时间在他们的密切配合下找到了宝石，解除了魔咒，逃离了这座可怕的城堡。

小矮人之所以可以找到宝石脱离磨难，就是因为他们认识到了合作的力量，及时团结起来，充分利用了集体的力量，才取得了最后的成功。

从上面的故事我们可以看出合作的重要性，当大家拥有一个共同的明确目标，就会产生强大的力量，一个公司或是一个企业更应该重视这一点：合作可以使我们更加迅速、稳定地接近目标。如果只是强调个人力量，而忽略群体合作，即使你表现再出色，也难以创造出价值。虽然我们都会有不同的缺点，可我们仍有办法通过努力来充实自身的不足：就是积极地与人合作，经过大家互补、完善自己，从而弥补自己的弱点。

大家一定要明白，我们只有通过合作，才会使自己变得更加出色，让自己的能力充分地发挥出来。在工作当中我们要与老板多多沟通、与同事团结协作，也只有这样我们才会赢得老板的重用、同事的尊重，使自己的事业一步步走向成功。

所以说，个人的成功离不开跟别人的合作，每一位成功者最爱说的一句话是："我能有今天，离不开大家的支持，成绩应归功于大家。"这是自谦之词，但也道出了成功的一条秘诀，生活中需要合作的事太多太多，让我们牢牢记住这句话："合作就是力量。"

有一个人做了一个梦，梦中他来到一间二层楼的屋子。

进到第一层楼的时候，他发现一张长长的大桌子，两旁都坐着人，而桌上摆满了丰盛的佳肴，可是没有一个人吃得到，因为大家的手臂受到魔法师的诅咒，手肘不能弯曲，吃不到桌上的美食，所以个个愁容满面。但是他听到楼上却充满了欢愉的笑声，他好奇地上楼一看，同样的也有一群人，手肘也是不能弯曲，但是大家却吃得兴高采烈。

原来虽然每个人的手臂不能弯曲，但是因为他们互相帮对方夹菜喂食，结果大家都吃得很尽兴。

没有一个人可以不依靠别人而独立生活，这本是一个需要互相扶持的社会，先主动伸出友谊的手，你会发现原来四周有这么多的朋友，生活与工作是这么的和谐与美好。

人心齐，泰山移。赛龙舟，步调一致，才可能独占鳌头。可以说，在现代社会的浪潮中，"项目秀""个人秀"的时候正在结束，团队的力量逐渐被越来越多的人所看好。尤其在创业的起步阶段，如果没有一个极具互助与合作精神的团队，再完美的创业计划也会"胎死腹中"。

合作能起到一种杠杆作用，能够增大自己的力量，可以实现自己一个人办不到的事情。对于我们个人来讲，更应该加强与其他人在各个方面的互助与合作，唯有如此，我们才能不被时代所抛弃，才能永立潮头，取得更大的成功。

单枪匹马难成事

在知识经济时代，单打独斗已经成了愚蠢的选择，因为竞争已不再是单独的个体之间的竞争，而是团队与团队之间的竞争、组织与组织之间的竞争，许许多多困难的克服和挫折的平复，都不能仅凭借一个人的勇敢和力量，必须依靠整个团队去实现。作为团队一分子的我们必须要明白："靠各个单打独斗，是不可能获得成功的。"

一个人的力量是有限的，即使你的能力再强，也不可能用自己的力量支撑一家公司，如果你这样去做，不但会让自己在工作当中感到孤独，而且也不会得到满意的结果。不管是工作还是生活，我们都要学会与人合作，缺少合作精神的人，很难取得成功。只有员工和员工之间多多配合、团结一致，才会产生群体的力量，才可以让我们有足够的能量去完成一件事情。把话说得简单一点就是：一个人不管怎么样也没有办法把所有的事都做完，要想以最快的速度和最有效的方法去做事，最好的办法就是把我们手上的工作交给一个团队，让他们进行分类后一一完成。这样的办法不但节省了时间，也会让团队中的每个人找到自己的长处，然后根据自己的优点进行工作。同样一件事情，如果我们没有选择合作，那么所得到的结果会截然不同，不但浪费了大量的时间和精力，也会增加我们的工作压力，每完成一件事情的时候都会感觉特别疲劳。

在公司中，我们不难发现那种很有才华，却很不合拍的人。这样的人让公司的管理者非常头痛。一位总经理提到自己当年在某大公司做项目经理，遇到了一个非常没有团队合作意识的员工时说："我的部门里有这样的一个年轻人，明明极为聪明，能力也非常出色，点子也很多，但是当公司开会的时候，他从来不主动发言，你问到他头上，他也不一次把所有想法都说出来。可你要求他自己独立工作时，那些成绩又让你不得不承认他做得漂亮。他总是自以为是，而且公开宣称自己就是一个个体，不需要和他人分享自己的想法。我几次跟他谈过，一个部分的成就是靠大家一起创造的，在一个集体里没有与自己无关的事。可他说，不是我分内的事我为什么要替别人操心？唉，人是聪明人，就是没有团队意识。"可见这样的员工不是一个很好的员工，他很难最大程度实现自身价值。

这样的人个人意识特别浓，总在一味地追求个人卓越而忽视或无视团队的成败。这样的人永远都不会是一个可以成就大业的人，只适合自己单打独斗。可是，个人的能力毕竟是有限的，团队中的每一个人的力量才是你创业的不竭源泉。因此，尽管他和聪明，但他的优秀就长远看来也是没有更大发展空间的。道理非常简单：一根筷子很容易被折断，十根筷子则不容易被折断。

单枪匹马在任何工作中都不可能出彩。比如在营销团队中，营销工作是一个系统而整体的工作，光靠几个人或单方面的工作是不可能完成的。在现代整合营销传播理论中强调利用各种资源，实现最佳组合，形成最大的营销力。所以，加强团队意思的培养是提高营销队伍战斗力的重要手段。同时市场内外环境瞬息万变，营销工作的战略和战术也是动态的，需要根据环境的变化随时调整。如果只要个人英雄主义，会在一定程度上影响团队的整体创新能力和工作质量，自己也会随之受到影响。

有这样一个小故事：一个学者为了考验团队成员间的合作能力，让几个小孩来玩一个游戏。瓶中有三个气球，代表了三个人，假如很快就要发生水灾，需要三个人迅速逃出瓶外，但瓶口只能供一个人出来。时间非常紧迫，玩这个游戏的三个小孩却依次在三秒逃了出来，顺利完成游戏。学者不禁惊叹，"你们是把这个游戏玩得最好的人！"

俗话说："人心齐，泰山移"。如同蚂蚁一样，每当遭遇毁灭性打击的时候，不论是森林大火还是汹涌的洪水，它们都会迅速抱成一团滚动转移。虽然在转移过程中，最外面的蚂蚁受到最大的威胁，内层的蚂蚁却很安全。它们正是靠着这种团结齐心的互助精神在一次次灾难中继续生存和繁衍。

团队成员间只有拥有这种力量，和谐地联合和自己协作的人，发挥每个人的力量，无论在任何行业，这样的团队协作精神都是值得我们重视的。

一个团队给予一个人的帮助不仅是物质方面的，更多在于精神方面。一个积极向上的团队能够鼓舞每个人的信心，一个充满斗志的团体能够激发每一个人的激情。这是每名员工都应该明白的道理。可惜，有些人并不明白这个道理。甚至有些动物的团队精神有时都会让我们之中的有些人汗颜。举一个例子来说吧：

曾经有一位英国科学家把一盘点燃的蚊香放进了蚁巢里。

开始时，巢中的蚂蚁惊恐万状，四散逃跑。过了十几分钟后，便有蚂蚁自动向火冲去，对着点燃的蚊香，喷射自己的蚁酸。由于一只蚂蚁能喷射的蚁酸量十分有限，马上就又有很多蚂蚁加入进来并葬身火海。但是，一些蚂蚁的牺牲并没有吓退蚁群，相反，又有更多的蚂蚁投入"战斗"之中，它们前赴后继，几分钟便将活扑灭了。活下来的蚂蚁将战友们的尸体移送到附近的一块墓地安葬了。

过了一段时间，这位科学家又将一支点燃的蜡烛放到了蚁巢里。虽然这一次的"火灾"更大，但是蚂蚁已经有了上一次的经验，它们很快便团结在一起，有条不紊地作战，不到一分钟，烛火便被扑灭了，而蚂蚁无一殉难。

难怪有人说，这个世界就是一个游戏的世界，你要加入某一场游戏，你就必须遵守游戏的规则。因为，世界需要秩序。你不遵守规则，可能会被淘汰出局，因为你丧失了参加游戏最起码的资格。这个看来很温和的世界，有时也很残酷。

一个充满战斗力的团队，必定是一个有严格秩序的团队，因为只有这样，才能确保行动的一致性和协调性。对于任何一个团队，必须有一个核心，这是确保一个团队不涣散的根本所在。

在一个企业中生存，每一位成员都仅仅是这其中的一分子，如果有什么问题出现，我们很难靠自己单独的力量去完成，而且即使完成了，效率和质量也不会很高。因此，团队成员的优化组合、积极配合，才是促进团队力量爆发的基础，也是实现个人价值最有效的方法。

一名员工的成绩几乎都是在团队的共同资源中建立的，离开了团队就等于鱼儿脱离了大海，不再有自己的天地和空间。因此，一定要坚决杜绝唯我独尊的心态，否则你很难融入任何一个团队之中，那么获得好的发展就更无从谈起了。甚至还会受到同事的挤兑。举一个简单的例子：在一个球队里，每个人球技参差不齐，有的球技好，也有球技差的。当他们中的一个人球技很好但其他球员球技再差，他也必须与他们密切配合，否则就很难进球。例如：2004年雅典奥运会上，中国男子篮球队进入八强，虽然全队的核心姚明在每场比赛中，得分都是全队最高，但是如果队伍只有他一个人，那么要想获胜也是不可能的。

所以，无论做什么事情，如果认为这个事情没有了你就一定不会成功，那么你的想法是非常愚蠢的。即使你是主要力量，也不会赢得他人的配合，更不会成功。你必须清楚，这个世界少了谁都一样。伟人都会成为历史，更何况我们呢？现如今是一个处处都提倡合作的时代，无论你从事什么样的工作、处于什么样的环境，都无法脱离他人对你的支持。因此，在职业生涯中，随着竞争的日趋激烈，团队精神已经越来越重要了，甚至已经达到了不可或缺的地步。所以说，无论是从公司发展还是从个人发展的角度考虑，你都不能脱离团队，而且必须融入团队当中去，有很好的团队合作精神，才能取得更大的成绩。因为，每个人的力量都是有限的。每个人都有自己的长处，同时也有自己的短处，这就需要与人合作，用他人之长补自己之短。养成良好的合作习惯，才能更好地完善和发展自己，促使自己一步步向卓越迈进。

要有团队至上的意识

团队中的每一个成员都要树立团队目标至上的信念。只有整个团队的目标达到了，团队的业绩提高了，自己的才能才会得到最大限度的发挥，人生的价值才能得到最大限度地实现。因此，在日常工作中，我们要加强与团队成员的沟通与合作，充分整合各种资源，发挥自己的才能；不断增强自己的责任感和使命感，进而不断提高团队意识，服从团队的目标。

做任何事，只有和睦、团结才是取胜的关键，而单打独斗则永远无法做出成就来。一个不团结的团队是一盘散沙，缺乏强大的凝聚力，自然很难有战胜一切的力量。成功人士都懂得团队的重要性，他们善于与人合作，因为他们知道，一个人是无法孤立生存的。想要成功必须依靠众多人的相助。因此，世界500强的公司都把增强员工的团队意识作为他们培养员工的重要内容。

法国著名寓言大师拉封丹讲过这样一则寓言故事：四肢觉得它们常年为胃工作，是一件愚蠢的事，于是商量不再为胃工作了，决心要过绅士般悠闲的生活。别的器官都以四肢为榜样，什么也不干，并声称没有它们的劳动，胃只能去喝西北风。它们认为：我们受苦流汗，像牲畜般劳作，就为了它一个，我们的辛勤劳动换来的只是它饱吃饱喝。罢工吧，只有这样，才能使胃明白，是我们供养了它。

就这样，所有的器官都罢工了，不再为胃工作。它们开始了悠闲地生活，手不拿，臂不挥，两腿也歇着，大伙齐心让胃自己想办法去找吃的喝的。然而，这种状况仅仅持续了不到几个钟头，它们就开始后悔了，因为四肢这些可怜的东西很快就感到衰弱了，心脏没有新的血液供给，四肢难受，逐渐没有了力气。这个时候四肢终于明白了，它们认为悠闲不干事的胃，对集体的贡献实际上不比任何人少。

这虽然是一则看似可笑的寓言故事，却告诉了我们一个重要的管理学原理：

在一个企业里，每一个人的分工都是各不相同的，各自都有自己的职责，就像是"胃"和"四肢"一样，各有各的任务，共同维持生命体的存在。只有每一个职位上的人都各司其职，各尽其责，一个整体才能有机地运作起来，而每一个人的利益才能够从整体的运作当中获得。四肢由于偷懒，不想付出，最后终于尝到了自私的恶果，这就是不合作的后果，由于他们没有尽到自己的责任，这样一来，受害者不仅仅是他们自己，更连累了整体。

团队成员心中有了团队利益至上的意识，他们才能在工作中用另一种心态对待个人利益，积极与各个成员配合，充分发挥成员的创造性思维，在工作上不断地创新，为集体创造财富。而一个没有团队意识的员工，很难在工作中创造出卓越的成绩，即使他非常有才华，也只是团队中的一员，他成功的背后有很多起推动作用的人。如果一直都我行我素，那他就等于离开了雁群的孤雁，没有继续发展的空间。

人类本身是一种社会性的动物，生活中的团队现象确确实实到处都存在着：我们出生于团队之中，我们拥有家庭；通过工作，我们参与到各种各样的团队之中去；有工作团队、体育项目的团队甚至还有各种各样的形形色色的联谊会。

何谓"团队精神"？团队精神就是所有的成员为了团队的利益，为了一个共同的目标，自觉地担负起属于自己的责任，携手与其他成员一起解决问题，共同渡过难关。

职场中，团队变得越来越重要了，甚至已经超过了高科技所起的作用。一个优秀的团队，正如篮球"魔术师"约翰逊所说的那样："不要问你的队员能够为你做些什么，而要问一问你能够为你的队员做些什么。"你的合作精神是可以感染团队中的每一个人的。

所以说，只有每个团队中的一员都以最大程度付出自己的努力，才能取得令大家满意的结果。一个喜欢偷懒、依赖别人的员工，永远不会创造出卓越的成绩，他迟早会被团队淘汰。

一只狼并不可怕，可一群狼的力量可以打败他们遇到的所有对手，它们之所以可以打造一个让所有对手都感到害怕的团队，是因为每一只狼都有着非常优秀的团队精神。它们在遇到猎物的时候绝对不会单独行动，而是依靠群体的力量来打败对手，得到自己的猎物。也正是群体的力量让它们变得极为强大，即使在优秀的猎手，遇到群狼的时候也会选择放弃。

狼是一种非常具有团体性的动物，动物学家发现，如果一匹狼想加入一个群体，那么它必须要以群体的利益为先，最开始捕猎的时候，新加入的成员只能吃一些大家吃剩的东西，甚至有些时候，它所付出的努力有可能没有一点回报，可它必须要学会付出，一旦同伴们接受了它，那么，它就真正成了团队中的一员，就会享用和其他成员一样的食物。

在我们工作当中也是一个道理，当我们刚加入一个团体的时候一定要学会付出，千万不要因为眼前一时小小的不公平，就放弃了和团队进行合作而独来独往，这样只会让你更加远离群体，那么，你的工作也不见得就会比以前轻松。最开始的不公平其实就是一种考验，这是每个新成员都曾面对过的事情，一旦你的能力被团队认可，被大家所接受，你也一样可以获得和其他人相同的待遇。

相比其他动物来说，人类除了拥有发达的头脑，团队精神并不占有优势，可人类可以依靠自己的智力组成团队，这样我们同样可以抵御强大的敌人，让自己获得更大的生存空间。

三国时期，面对强大的曹军，诸葛亮不得不去寻求孙权的帮助，也正是他们合作产生的力量，击败了不可阻挡的曹军。由此可见合作的力量有多么强大，一旦人与人之间产生了合作，就会产生战胜一切的力量。当大家有了共同的目标时，也就有了相同的行为标准，大家就不会计较一些避免不了的小矛盾，所有人都会以团队的利益为先，共同作战。这样的团队可以创建出一个具有凝聚力的公司。大家都知道，很多知名企业和大公司都具有团队合作精神的员工，他们为公司和企业所赢得地利益大得惊人，与此同时这些一直为公司和企业付出的员工得到丰厚的薪水也是理所应当的。

自然界中，团队是自然选择的直接结果！因为，人除了发达的大脑，没有什么其他优势，无论是在速度上还是力量上都处于劣势。为了生存，人与人之间组成了团队，以抵御并获得生存的空间。于是，自然选择使人与人组合在一起，就有了战胜一切的强大力量，所以团队意识是非常重要的。

共同的团队目标对于我们处理个人发展与公司发展关系的问题很有益处。以一种事业心来干事，也就是真正把个人的发展融入到了公司的发展当中去，当公司发展壮大了，你会发现之间自然而然地得到了应得的回报。

因此，不要将自己的个人利益定位于集体利益上。集体是一个相互依存，相互竞争，同时也是一个共同发展的团队。成员之间的竞争是允许的，也是应该的。但任何人都不应爱为了一己私利，置他人的利益不顾。这样不利于集体的发展，同时也不利于个人的进步。树立团队意识，在团队需要的时候让步，那是每个成员的职责所在。唯有这样，团队才会有更大的发展空间，个人才会在团队中有不可估量的地位。

学会分享

在一个公司里，公司与员工是一种双赢的关系，员工与员工之间也是一种双赢的关系，只有公司与员工、员工与员工之间通过彼此相互的合作，才能实现所追求的共同目标。同事是整个团队的一个组成部分，工作上有着千丝万缕的联系，那么只有保持经常通气，及时沟通情况的习惯，才可能进行有效的合作。也只有这样，才能彼此了解，相互信任，将一些不必要的误会和摩擦，消灭在萌芽状态。每个人都能以良好的心态对待彼此之间的竞争，相互分享合作，竞争的结果就不会是你死我活的结果，而是共赢的有利局面。

《醉翁亭记》中说："独乐乐，不如众乐乐。"在合作中寻找分享的快乐，实现自身的价值，不要只顾自己，要学会与他人分享。团结协作的工作团队能激发人的进取心，枯燥乏味的工作环境容易让人气馁。不管你在什么地方，做什么样的工作，都应该学会和大家分享工作成果。

当今社会，任何一个公司都不可能由一个人去完成所有的事，员工与员工之间必须紧密配合、团结一致，这样才能取得成功。没有人是可以独立活在这个世界上的，工作中与同事之间的相互合作是你前进的动力，所以，不要拒绝与他人的合作，只有接受别人才会壮大自己。如果你在工作中只看到自己的利益，却忽视团队的利益、没有团队精神的话，这样的员工是无法在现代公司里立足的。如果每个人都为自己的一点小利益着想，那么，团队利益的取得也就成了神话。

曾经有一个故事说，有一个村子每年都举行丰年祭来感谢上苍的眷顾，由于那年的收成特别好，因此村长决定举行一个盛大的庆祝会，以祈求来年的丰收。为了使庆典更加隆重热闹，村长在村子麦场的空地上摆了一个可以容纳十几个人的酒缸，要求每一户人家贡献一壶自己酿制的小米酒，好让大家有喝不完的酒，可以把酒言欢，狂欢到天明。

庆典开始前，每一户人家都要郑重其事地把自己带来的酒倒入大酒缸中，很快就把大酒缸装满了，然后大家围着酒缸唱歌跳舞，好不快乐。到了庆典即将落幕时，村长带领众人伏地谢天，感谢上天的恩德，并舀起酒缸里的酒，人人一杯。

村长念完一段酬神的祈祷文之后，大家纷纷举杯向天，然后一饮而尽。没想到酒还没喝完，大伙儿的脸色就全变了，每个人皆面有愧色，你看我，我看看你，面面相觑，良久吐不出一句话来。

原来，每户人家所提供的都不是酒而是水。每个人都以为在这么一大缸酒之中，用区区一壶水充数是不会被发现的，于是大酒缸里装的满满的都是水，没有一滴酒，令原本欢乐无比的丰收祭尴尬地收场。

这个故事除了说明有些组织成员偷工减料、弄虚作假之外，还告诫人们，不要太自私，要拿出你最好的东西也大家分享，这样才会得到你该有的快乐。

快乐需要发现，快乐需要挖掘，快乐需要创造，更需要分享。

快乐是生活的赐予，我们谁都可以拥有；快乐不用花钱购买，但也不是俯拾皆是。一个人快乐与否，不在于物质上的拥有，而在于你自己用什么样的心态去看待它，你自己怎样去寻找、经营它。一份好心情，不仅可以改变自己，还能感染别人；一份快乐若拿来分享，不仅感染了别人，还收获了双倍的幸福感。另外，由此带来的附加值不可估量，快乐的人大多成了受人欢迎的人。

英国《太阳报》曾以"什么样的人最快乐"为题，举办了一次有奖征答活动，从应征的八万多封来信中评出四个最佳答案：

（1）作品完成后，吹着口哨欣赏自己作品的艺术家；

（2）正在用沙子盖房子的孩子；

（3）为婴儿洗澡的母亲；

（4）实施手术挽救了危重病人的外科医生。

要使自己成为快乐的人，从第一个答案中可知，要学会快乐，必须有一份追求，为自己去寻找快乐的事务；第二个答案告诉我们，要学会快乐，必须学会想象，对未来充满希望；第三个答案告诉我们，要学会快乐，一定要心中有爱；第四个答案告诉我们，要学会快乐，要有助人为乐的技能和一颗懂得付出的心。

如果还有第五个，那么应该是分享。要学会快乐必须懂得与人分享，只有这样，这份快乐才会两倍、三倍甚至无止境地传递下去，才会有"众乐乐"的美妙感受。

我们拥有的快乐里有一半以上都是别人给予的，或者在别人的帮助下获得的，所以当自己获得一份快乐的时候，饮水当思源，应该很自然地想到与人去分享，这样快乐就可以良性循环的发展下去，而因此带来的积极乐观的心态也会跟着循环发展下去。

无论何时，都要记得：给予是快乐的源泉，为别人带来快乐的同时，我们自己也会处于快乐的包围之中。快乐是可以分享的，你给别人带来了快乐，你分给别人的东西越多，你获得的东西就会越多。你把幸福分给别人，你的幸福就会更多。但是，如果你把痛苦和不幸分给别人，那你的痛苦和不幸不会减少什么，还会因此获得一份更让人难受的怜悯。生活中你如果整天愁眉苦脸待人，那别人会以同样的面孔对你，你看到了更多的愁容；相反，如果你以笑脸相迎，你会看到更多的笑脸，你的快乐心情就会加倍。

从前有个国王，非常疼爱他的儿子，总是想方设法满足儿子的一切要求。可即使这样，他的儿子还是整天眉头紧锁，面带愁容。于是国王便悬赏找寻能给儿子带来快乐的能士。

有一天，一个大魔术师来到王宫，对国王说有办法让王子快乐。国王很高兴地对他说："如果你能让王子快乐，我可以答应你的一切要求。"

魔术师把王子带入一间密室中，用一种白色的东西在一张纸上写了些什么交给王子，让王子走入一间暗室，然后燃起蜡烛，注视着纸上的一切变化，快乐的处方会在纸上显现出来。王子遵照魔术师的吩咐而行，当他燃起蜡烛后，在烛光的映照下，他看见纸上那白色的字迹化作美丽的绿色字体："每天为别人做一件善事！"王子按照这一处方，每天做一件好事，当他看见别人微笑着向他道谢时，他开心极了。就这样，王子一天比一天快乐，最终成了全国最快乐最幸福的人。

由此可见，分享的魔力在于，快乐分享更快乐，忧愁分享变快乐。

另外，在这个纷繁复杂的社会中，每个人都需要别人的帮助，因此具备一颗施予之心是十分必要的。生活是个万花筒，有时不免长出一棵忧郁、烦恼的花，破坏好心情，而在此时把自己的快乐分给别人，把别人的不快乐用快乐来化解，这会给你及你帮助的人的心灵都带来舒适和美好。生活中如果我们能以乐观的态度去对待一切，好心情就会常伴我们。生活中有人什么都不缺，就是不快乐；而有的人什么都不如别人，但他却整天乐呵呵的。他们的差别不在于拥有多少，而在于内心是否知足，对快乐的东西是否懂得去分享。

在我们的日常生活中，给予快乐、分享快乐的机会有很多，关键在于自己是否真的想去做。在每天忙碌的工作之中，繁忙或者焦躁都是常客，那么快乐呢？其实它就在你的身边。在与客户交流的过程中，在与同事聊天的时候，在向上司汇报任务的过程里。一次良好的合作，一段办公室趣闻，一份得体又实用的报告……所有的所有，都是一种分享，而这种分享的体验在无形中增加了自己的沟通和交际能力，促成自己拥有良好的人际关系。

我们要知道：所有的努力都是为了成功，而成功的终极目标却是愉快地活着。

　　组建团队就是为了高产，只有每个成员积极参与，共同解决问题，才能保持极高的生产率和产品质量，个人才会有更好的收益。就发展团队而言，增进交流、共同分享和改进工作方法同样重要，这就要求团队中的每个成员都必须认真对待，而不是只在乎自己的利益。

　　在职场里，因为竞争机制的实行，也就难免有许多利益的争执，但争执归争执，合作永远都是实现共同利益的有效途径。企业是所有员工的企业，每个员工都是企业中的领导者和管理者。因此，每一个员工都应该有机会成为某个领域里的行家。只要员工能够齐心协力，能够精诚合作，那么这个企业一定会获得长远的发展，这个企业中的员工也就能够获得长足的进步。

　　一个优秀的员工不但要能总结、褒扬和学习别人的长处，更重要的是，要能够适应不同的环境，容纳别人的不足，同时还要能听得进别人的意见和建议，在团队中能跟同事密切合作。尊重和帮助那些不如自己的同事，建立和谐的人际关系、团队关系。很多时候，帮助别人，就是在帮助自己。大家在公司中，拧成一股绳，集思广益，相互协作，心往一处想，劲往一处使，把凝聚力转变成强大的战斗力，使自己逐渐成长为"领袖"，自己的价值才能不断得到展示和升华。

用团队的力量提升自己

一个团队、一个集体，对一个人的影响十分巨大。善于合作，有优秀团队意识的人，整个团队也能带给他无穷的帮助。一个人要想在工作中快速成长，就必须依靠团队、依靠团队的力量来提升自己。

团结就是力量，一个家庭需要团结才能万事兴盛；一个国家需要团结才能更强大。由此可见，团队精神的作用有多么重要。对于一个渴望想要在事业上获得更大发展的人更加需要团结，我们不难看到，那些具有影响力，在社会上有一定地位的大企业，都会有一支非常团结的员工队伍。他们之间都强调合作原则，正是这样的精神，让很多人取得了提升的机会，他们都会拥有足够的空间展示之间，可以最人程度发挥自己的作用和潜能。

曾有许多管理者这样评价日本人的团队精神："任何团体的团结性，都无法与日本人的团队精神相比。"熟悉日本的人都知道，日本公司中的员工不但勤奋而且训练有素。

管理大师弗兰克·吉布尼曾这样形容日本公司员工的工作："一个由晶体管操纵的蚂蚁王国。"这一描述是十分形象的。"蚂蚁"形容了他们的勤奋，同时也展示了他们共同协作的团队精神。尽管许多老一辈的日本人抱怨，现在的年轻人已经淡化了这种精神；尽管有一些年轻人认为，整天只知工作，不知享乐，无法和家人共进晚餐的生活缺少生活情趣，但在今天的日本，"公司第一"的观念仍然占据主流。只有那些经常工作到晚上10点才回家与妻儿团聚的丈夫，才会被认为是个好丈夫。同时人们轻蔑嫁给不勤奋工作、在公司里没有影响力的男人的妻子。

一个业务专精的员工，如果他仗着自己比别人优秀而傲慢地拒绝合作，或者合作时不积极，总倾向于一个人孤军奋战，这是十分可惜的。他其实可以借助其他人的力量使自己更加优秀。

在现代公司里，单凭一个人是无法完成一个有规模的项目的。团队的命运和利益包含了每一个成员的命运和利益，没有一个人使自己的利益与团队相脱节。只有整个团队获得更多利益，个人才有望得到更多利益。因此每个员工都应该具备团队精神，融入团队，以整个团队为骄傲，在尽自己本职的同时，与团队其他成员协同合作。

尽管大多数人都懂得团队协作能带来诸多好处，但团队成员之间的协作仍然是困难的。一条自动化生产线上机器人的顺利合作是因为有人为它们设计了精确的动作。与机器人不同，我们每个人都有感情——喜或怒，自信或不安，友好或嫉妒。我们还会对公正或不公正、正确或错误的事情做出判断。

相对员工的需求来说，团队所拥有的资源总是有限的，为了提高这些资源的使用效率，必将按照公平和效率而不是平均的分配方式来进行。这就会引起部分员工的心理失衡。心理失衡的员工常常以不合作来发泄内心的不满。

事实上，这样的人应该对团队中的分工，以及分工带来的职责和收益有一个清晰的认识。每个人在团队中，有各自的分工以及相对应的职责。团队的分工更多的是对各个成员性格、才智、能力进行对比后产生的后果。你可能在这方面存在优势，但是有可能他在这方面的优势比你还要明显，而这个位置又只需一个人。这个时候，团队选择了他，把你放到了其他的位置。而决定把你放在另外一个位置，也一定是因为你在那个方面存在一定的优势，存在着高于其他人的优势。

当然，具体分工上还是有轻与重之分。有的人做的工作对于整个工作项目来讲，影响要大得多。他们的收益是比团队中的其他人高一些，但他们的工作相对要复杂些、辛苦些，所承担的风险也就相对大些。一个项目弄砸了，首先受批评的是团队领导，然后是负责整个项目的核心技术人员，绝不会是专门焊接电路板的助理工程师。前两者的收益是明显高于后者，但他们受承担的压力也会高于后者。

需要付出的努力多，承担的风险大的工作自然就会有较高的回报，这一点是大家比较认同的。所以就不要再对那些收益高的团队成员不满，更不能想方设法地为他的工作设置障碍，希望以这样的方式提醒领导重视你的工作。工作就是工作，工作本身是不应该带有情绪的，所以我们也不能把自己的情绪带到工作中去。工作不是我们借以发挥不满情绪的工具，更不是报复的手段。

在工作中，我们所采取的正确态度，应该是接受分工，并且全身心地投入到工作中去。既然把我们安排到这样的岗位上，我们就有义务把这个岗位上的所有事情打理好。如果每个人将自己的职责抛在一边，而只想从团队中得到自己想要的东西，事态又会如何发展呢？在一个团队中的位置得到调整之前，都不能放弃应尽的职责。把自己应做的事情做好，利益才会有保证。

一个对自己所在的团队负责的人，其实是在对自己负责，因为他的生存离不开这个团队。他的利益是和团队密切相关的。这好像，一个水域的环境和条件，直接决定着在这个水域中的鱼类的生存状况。只要我们在这个团队中待一天，我们就应对这个团队负有一天的责任。你的团队需要你，而你自己更需要立足于你的本职工作，不懈地努力。

也许，团队中存在着分配不均的现象。但是，这种现象的改变非一朝一夕之事。努力工作，优劣自有评说。与其在谩骂和懈怠中浪费自己的时间，钝化自己的才干，不如在与人合作中发挥才干，使自己通过各种项目的锻炼成为某个领域的专家。这样，当你转到一个新的合理的工作环境时，就能如愿得到更多的回报。否则，只会是追悔莫及。

在工作过程中，与他人和谐相处、密切合作是一个优秀雇员所应具备的必不可少的素质之一，越来越多的公司把是否具有团队协作精神作为甄选员工的重要标准。团队协作不是一句空话，一个懂得协作、善于协作的员工，是推动工作前进的极好的润滑剂。工作能力强，具有团队协作精神的员工是公司高薪聘请的对象。而一个不肯合作的"刺头"，势必会被公司当作木桶最短的一块木板剔除掉。对许多公司的人员流动情况的研究表明，大多数人是因为不善与人相处而离开公司的，这一原因超过其他任何一种原因。

史蒂文不仅拥有出色的学历，而且在工作上也做出了很多成绩。他是公司辛勤工作的典范，总是恪尽职守、专注手头的工作。老板对他所做的工作评价也很高。按照他的才能，他早就应该晋升到更高职位了，可他现在依然在原地不动。

即便是最重要的主管职位似乎也不需要他那么多年的学习经历，不需要这10年来兢兢业业的工作，也不需要他为了追求一个能够充分发挥才干的职位而倾注的耐心。史蒂文不明白，为什么那些能力比他差的人都得到了晋升，而他却不能，连私人办公室都没有。

造成这种状况的一个很重要的原因是，史蒂文不喜欢与人合作。他只是埋头自己的工作，不喜欢和大家交流，如果团队其他成员需要他的协作，他不是拒绝就是很不情愿地参与。他总是孤军奋战，不向同事获取帮助。这样的孤军奋战，怎能成就大事？

其实，保证你事业有成的方法之一是让与你共事的人喜欢你、欣赏你。只有善于合作，你周围上上下下的人才会希望你成功，并尽他们最大的努力来帮助你实现你的目标，同时也实现他们的目标。在团队成员的帮助下，你就能最大限度地发挥自己的才能，并成为举足轻重的成员。

很多时候，一个团队所能给予一个人的帮助，更多的在于精神方面。一个积极向上的团队，能够鼓舞每一个人的信心；一个充满斗志的团体，能够激发每一个人的热情；一个创新的团队，能够为每一个人创造力的延展提供足够的空间；一个协调一致、和睦融洽的团队，能给每一位成员一份良好的感觉。培养自己的团队协作精神吧，在团队中感染积极的氛围，让自己在团队中工作得更顺利、更美好！

不要有个人英雄主义

个人英雄主义是团队合作的大敌。在团队中生存，任何成员都要注意培养与同事之间的感情，多跟同事分享对工作的看法，多听取和接受他人的意见，多参与同事间的活动，体贴关心别人，不要自恃才能而成为孤家寡人，要跟每一位同事都保持友好的关系。在组织中，如果你自己被孤立起来，那将是件很危险的事。

麻原是一家营销公司的营销员。他所在的部门曾经因为颇具有团队精神而创造过奇迹，而且部门中每一个人的业务成绩都特别突出。

后来，这种和谐而又融洽的合作氛围被麻原破坏了。

原来，公司的高层把一个重要的项目安排给麻原所在的部门，麻原的主管反复斟酌考虑，犹豫不决，最终没有拿出一个可行性的工作方案。而麻原则认为自己对这个项目有十分周详而又容易操作的方案。为了表现自己，他没有与主管商量，更没有贡献出自己的方案，而是越过主管，直接向总经理说明自己愿意承担这项任务，并提出了可行性方案。

他的这种做法严重地伤害了主管，破坏了团队精神。结果，当总经理安排他与主管共同操作这个项目时，两个人在工作上不能达成一致意见，甚至产生了重大的分歧，导致团队中出现分裂，项目最终失败了。

所以，要想获得成功，你就应该学会与人合作，而不是单独行动。要把自己融入团队中，摒弃"独行侠"的思想，代之以齐心协力的合作意识，扮演好自己的团队角色，这样才能保证团队工作的顺利进行。若站错位置，乱干工作，不但不会推进整体的工作进程，还会使整个团队陷入混乱，而自己最终也会受到很大影响。

这就要求每个员工必须做到以下几点：

（1）要扮演好队员的角色，主动寻找团队成员的优势所在。在一个团队中，每个成员的优缺点都不尽相同，积极寻找团队中其他成员的优势所在，并且向其学习，这样你将使自己的缺点和负面因素在团体合作中减少以至消失。如果你意识到了自己的一些缺点，不妨通过坦诚交流给大家讲出来，让大家共同帮助你改进。在这个过程中，你不必担心别人的嘲笑，你得到的只会是理解和帮助。因为你在提升自己的同时，也提升了团队成员之间合作的默契程度，进而提升了团队的执行力。团队强调的是协同，较少有命令和指示，所以团队的工作气氛很重要，它直接影响着团队的工作效率。如果你积极寻找其他成员的积极品质，那么你与团队的协作就会变得更加顺畅；你自身工作效率的提高，也会使团队整体的工作效率得到提高。因此，我们必须树立以大局为重的全局观念，将个人的追求融入团队的总体目标中去，从自发地遵从到自觉地培养，最终实现团队的最佳整体利益。

（2）在工作中，不要直接否决团队的决定，始终让团队作为与客户打交道的主体。如果可能的话，最好以团队为主体与上级打交道。如果你不得不插手，就公开支持自己的团队。实在需要做出什么改动，那就同团队成员私下解决，并把功劳让给团队。让客户觉得在你这儿得到的承诺，远不如在团队那儿得到的多，最好让上级也产生同感，这样，他们就会养成与团队直接打交道的习惯。站在员工个人的角度来讲，直接和团队打交道也可以使工作更加轻松；站在团队的角度讲，让团队成为主体可以使团队的运作更有效率，可谓一举两得。

（3）要时常检查自己的缺点。改变工作角色之后，你应该时常检查自己的缺点。比如自己是否对人冷漠，或者言辞锋利。这是扮演好团队成员角色的一大障碍。团队工作需要成员之间不断地进行互动和交流，如果你固执己见，难与他人达成一致，你的努力就得不到其他成员的理解和支持，这时，即使你的能力出类拔萃，也无法促使团队创造出更高的业绩。

合作让你战胜一切困难

狼群的团队是如此的强大，归根到底就是狼性合作的原因。在草原上就是最凶猛的狮子也不敢惹狼群，可见狼群团队的力量。"狼狈为奸"同样是狼和狈的合作，也是一种团队精神。

一个人必须要具有与人打交道的能力。这个能力非常非常重要。为什么要学习与人打交道？我们看看狼是如何生存的就会知道其重要性：

一是狼的群体性，很少有一条狼单独掠取食物的时候，所以即使老虎看到狼群也会退避三舍，这就是群体的力量。一个人要想在社会上有所作为，他必须要认识到群体力量的重要性，并且要学会如何利用群体的力量，这样，狼就能与山中之王老虎抗衡。

二是狼的淘汰机制。当狼群中的狼王老了的时候，年轻的狼会把它从头狼的位置拉下来，这样才能保持整体狼群的强大。人也是一样，要想成大事，要能团结别人一起做事，最后他要能排除自己身上的不足之外，这样你不会平庸。

狼的合作精神值得我们学习，同样的，具有狼性的西点军校的合作精神也应值得我们学习。在西点人看来，一个个体要想获得成长，就必须依靠合作。事实告诉我们，一个具有良好合作意识的人，在学习、生活与工作中会经常获益。必需的时候借助他人的力量来发现自己、提升自己，这是让自己处于不被淘汰位置的有力保障。

西点军校的培养模式可谓稀奇古怪，有时候知道真相的人又会觉得可笑。比如培养合作精神上，西点采取的就是没有合作时创造合作的方法。为一个团队树立起共同的敌人，让他们一起打倒他。

那么西点新学员树立起来的敌人是谁呢？答案是学长。学长必须无条件地为新学员唱黑脸，学长们会处处盯着这群新人，而且学长和学弟之间形成了上下级关系。如同自然界的动物一样，一个弱小的群体想要躲开来自天敌的追杀，就必须要集合在一起。那么学员们为了从"食物链"的下级走到上级，就必须经受得起上级学长带来的种种考验。

微软的发家史就是一个典型的让合作"无中生有"的故事。

在比尔·盖茨创立微软公司之后，如何提高公司声誉、如何占据市场份额是盖茨每天苦思冥想的事。一次偶然的机会，盖茨得知IBM正在研制一种新型的个人电脑，而这种新型电子产品需要一个与以往截然不同的操作系统。盖茨知道，如果能拿下IBM这个项目，就能乘着IBM的大船扩展业务，树立起名声。

可是，瞄准了IBM这个香饽饽的企业不止微软一个，包括当时的系统业龙头CP/M。

如何让IBM舍弃CP/M而和自己合作呢？盖茨不得不重新思索。在经过和同事的磋商之后，决定将DOS这个镇家之宝推向IBM。于是他们将从西雅图买回来的86-DOS几经改装，命名为MS-DOS，并带给IBM。

比尔·盖茨亲自率领了一行人去了IBM总部，虽然DOS系统有着很多开天辟地的元素，也有不少能带动电脑行业大跨步的意义。但是作为一个公司，在IBM看来，这些并不是主要的，价钱、用户体验才是王道。没办法，比尔·盖茨只得将这种软件的优越之处讲得天花乱坠，并将价钱压到了底线，几乎是零利润地卖给了IBM。做出了巨大牺牲的微软并没有损失惨重，相反，在1981年8月12日，由于IBM宣布与微软合作，软件行业凭空多出一个巨人并长时间屹立不倒。

在这次合作中，微软是弱势。为了让这次合作变成现实，微软冒险掏出家底，并以几乎无利润的买卖夺得IBM倾心。但是正是这次合作，微软公司的名声响彻世界，全球业务不断增加，为自己开辟了一条通天大道。

由此可见，企业强大的竞争优势不仅在于员工个人能力的卓越，更重要的是体现在团体合作力量的强大。

合作可以产生"1+1＞2"的倍增效果。据统计，诺贝尔奖项目中，因协作获奖的占三分之二以上。在诺贝尔奖设立的前25年，合作奖占41%，而现在则跃居80%。

分工合作正成为一种企业中工作方式的潮流被更多的管理者所提倡，如果我们能把容易的事情变得简单，把简单的事情也变得很容易，我们做事的效率就会倍增。合作，就是简单化、专业化、标准化的一个关键，世界正逐步向简单化、专业化、标准化发展，于是合作的方式就理所当然地成了这个时代的产物。

一个由相互联系、相互合作的若干部分组成的整体，经过优化设计后，整体力量能够大于部分力量之和，产生"1+1>2"的效果。

一个人若能引导其他人进行合作，以及从事有效的团队工作，或者鼓舞其他人，使他们变得更为活跃，那么，这个人的活动能力并不亚于以更直接方式提供有效服务的人。在工商企业中，有些人具有极高的能力，能够鼓舞并指挥他属下所有的人员获得比在没有这种指挥影响力之下更大的成就。众所周知，卡耐基很能干地指挥他个人的一些幕僚人员，因而使得这些幕僚人员当中的许多人也成为富翁。每位销售经理，每位军事领袖，以及各行各业的领导者，都了解"共同谅解及合作的精神"的必要性。要想获得成功，必须拥有这种精神。这种和谐的大众精神，可经由自动或强制的纪律而获得。在这种情况下，个人的思想将被融合而成为一种"智囊团"，这表示个人的思想受到修正，彼此的思想合二为一。造成这种融合过程的方法很多，就如同将个人置身于各种行业的领导地位，每一位领袖各有自己协调追随者思想的方法。有人使用强迫的方法，有人使用说服的方式，有人则使用惩罚或奖赏的手段，其目的都是为了减少某一团体中的个人思想，使它们全部融合成为一个单一的思想。读者不必深入政治、商业或财务中研究，就能找出各自的领袖在把个人思想融合成一个集体思想的过程中，所使用的技巧。

善于合作的人比较懂得付出，因为他们知道只有肯付出，才能更好地与人合作。人生在世，要与人为善，宽容大度，以此来获得大家的信任、尊重和友谊，从而相互扶持，共同走向胜利的彼岸。

西点1982届学员、西尔斯公司的第三代管理者罗伯特·伍德说："不论再强大的士兵都无法战胜敌人的围剿，但我们联合起来就可以战胜一切困难，就像行军蚁（美洲的一种食人蚂蚁）一样把阻挡在眼前的一切障碍消灭掉。"

　　遗憾的是，在合作的过程中，由于意见分歧，致使合作常常产生破裂。当意见相左的时候，很多人将时间与精力浪费在了文过饰非或曲解对方这种事情上面。殊不知，合作应该尊重差异。一次成功的合作不会以压抑个性为代价，相反，成功的合作非常尊重成员的个性，重视成员的不同见解与想法。只有这样，才能使团队里的每一位成员都积极参与到工作中，共担风险，共享利益，相互配合，共同推开胜利的大门。

第六章
提升你的职场人脉关系

　　每一个伟大的成功者背后都有另外一个成功者，没有人是自己一个人到达事业顶峰的。假使你决心成为出类拔萃的人，你就应该置身于积极的人脉当中去。

提升你的人际关系

现代社会对一个人的社交能力要求越来越高，而其他能力虽然重要，但已经不是最重要的决定因素了。因此，即使你再有能力，没有人提拔和赏识你，没有人帮助你，你的才华也不会有机会展示出来。所以说，对于每个人而言，不管你愿意与否，你都必须同人打交道，同社会的人接触并依赖他们生存下去。为了让自己的努力换来更大的成功，我们离不开社会环境，离不开周围的人。那就要做好在社会生存的准备，用真诚的心与他人交往，尽力建立良好的人际关系。

人际关系是人类社会活动的基本表现形式之一，它对社会的发展起着重大的推动作用。人际交往在人们增长知识、促进发展、丰富生活、提高认识等方面都起着非常重要的作用。无论我们是否愿意与人交往，都不可避免地要与人交往。而且，交往的成败在很大程度上决定着我们人生的成败。对于刚刚步入社会的"新人"来说，人际交往更加重要。因为人际关系是青年人增长才智、适应社会、认识自我、协调关系和战胜困难的有效途径，是成功不可或缺的因素。人际关系对个人发展的影响主要表现在以下几个方面。

1.人际关系是我们正确认识自我、评价自我并不断提高自我的重要手段

一个对自己的认识和他人对自己的认识是不同的，"以铜为镜，

可以正衣冠；以古为镜，可以知兴替；以人为镜，可以明得失"。这一古训是很有道理的。人我们通过与他人交往，可以把别人当作衡量自己的尺寸和评价自己的参照系数，通过他人这面镜子来认识自己、评价自己。

2.人际关系是我们增长才干、获得成功的有效途径

尤其对于刚步入社会的人而言，处于人生的重要时期，对人生和事业以及未来等问题的看法还不都成熟。这时，通过与他人交往，可以使自己对一些问题产生新的看法和认识，增长见识，同时因为交往，形成了自己的人际关系网，这些都会为以后的成功打下基础。

3.人际关系是我们适应社会、在社会上求生存和发展的前提条件

通过广泛的人际交往我们可以学到很多书本上学不到的东西，可以认识社会、掌握处世技巧和方式，从而根据外界的情况为自己准确定位，求得自我发展，以适应外界环境的变化。

4.人际关系也是我们培养团队合作精神的主要方式

在人际交往中，人与人之间有时候会出现意见不合的情况，进行集体活动或决策时在一些问题上也可能产生分歧，这时候，个人要服从集体，要学会宽容，学会从大局着眼来考虑问题。时间久了，自然就会逐渐培养起团队合作精神。

一个人，纵然是满腹经纶、才华横溢，其能力的实现也离不开一定的人际环境。其价值，也只有在集体中才能得到实现。集体的能力又不仅仅如此，它还可以使个人的能力和作用得到放大，从而使我们的价值得到更加充分的体现。

　　一个人的真实能力与其表现出来的往往并不相符，有的比实际高些，有的则低些。而造成这些不同的，就是每个人的兑现能力不同。但是，我们认识一个人、衡量一个人的能力，往往也是看他到底能做出些什么。就像一个才华横溢但却生性木讷的老师，就算他肚子里再有"货"，但却不能将其转化为"金钱"，也只能生活在"贫穷"中。

　　因此，我们最需要做的事，便是如何才能使自己的能力超出它的实际价值和实现增值。一个人的能力，往往要在一定的环境与条件下才能形成与实现，特别是人际环境往往是能力形成与实现的重要因素。

　　美国卡耐基工业大学对个案记录进行分析，结果发现："智慧""专门技术"和"经验"只占成功因素的15%，其余的85%取决于良好的人际关系。

　　另一项全国性的调查也显示，与20世纪90年代相比，当代青年呈现出的心理问题增多，而且在重要性次序上发生了变化。在上一代青年中，情感、社会交往和学习的重要程度在其心理上分列三位，现在的前三位仍是这些问题，但是，社会交往上升到第一位，学习问题排第二，情感问题排列第三位。因此，人际交往不容忽视。尤其对于那些欠缺社会经验的年轻人而言，面对复杂的社会关系时，经常会感到困惑，如果不锻炼自己的交际能力，从困惑中走出来，那么就会像笼子里的小鸟，永远也不可能飞向广阔的天空，更不可能在高空中自由地飞翔。

美国某铁路公司总裁史密斯说："铁路的成分95%是人，5%是铁。"当初毛泽东也说过"人多力量大"。这都反映了所有成功人士的共识。无论你从事哪一行，哪种职业，有一个好的人际关系，都会让你事半功倍。与人交往，是一门很深的学问，需要我们用尽一生的时间来学习。

不要小看人际关系，它往往决定着我们家庭的幸福和事业上的成就。你与同事、上司以及客户融洽，那么工作起来就会顺利，升迁的机会也就大得多。如果你与家人和睦相处，那么就会有一个温暖的家庭，从而成为支撑你事业发展的坚强后盾。如果你不懂得如何与他人相处，那么就会对自身的发展造成障碍。如在工作中，要求的是集体作战，以实现成就的最大优化。如果你总是处处与别人为敌，制造一些不和谐的声音，那么就会对这个集体产生不利，使它的作用不能得到有效的发挥。为了使这个集体可以正常运转，管理者自然就会将你扫地出门了。如果你不能与伴侣和谐相处，双方总是剑拔弩张，家里时时都是硝烟弥漫，你成天为了这场"战争"而筋疲力尽，又怎么会有心思投入到工作中去呢？

所以说，人际关系是一把双刃剑，在个人能力的形成与实现过程中，既能起到积极的推动作用，也会起到消极的阻碍作用。

心理学研究表明，如果一个人长期缺乏与别人的积极交往，缺乏稳定良好的人际关系，那么这个人往往有着明显的性格缺陷。其表现为：对别人缺少宽容，以自我为中心，言谈举止不考虑他人和机体的利益。这种人过分地以自我为中心的心态是不利于建立和维持良好的人际关系的。如果你现在正处于孤立的状态，是否考虑一下自己是不是很少站在别人的角度考虑问题，是不是有些以自我为中心？你想让别人怎样对你，那你首先就要像你想的那样去对待别人。凡事多替别人着想，怀着一颗宽容的心来对待别人，你会发现生活其实很美好，人也很容易相处的。

人际关系对我们的成长也有着很大的影响。这一点在小孩子身上体现得尤为明显。如果孩子总是与一些有不良作风的人接触，那么他们就会慢慢染上那种坏作风。许多少年犯就是由于这个原因而走上犯罪道路的。如果这个孩子的周围都是一些有良好品德的人，那么他们也会在潜移默化中慢慢变得有教养起来。因为孩子的世界很单纯，就像一张白纸，你涂上什么颜色，他就会呈现出什么样的色彩。而随着年龄的增长以及思想的形成，我们会渐渐有自己的世界观。这时，外界对我们的影响已不是那么明显了，但却仍然存在。所以，我们应该多结交一些有识之士，以免让自己沾染上一些不良的习气。

另外，人际关系还会影响能力水平。俗话说：强将手下无弱兵。由于示范效应与普通的"相互看齐"的心理作用，如果你处于一个强手如林的环境之中，那么慢慢地，你的能力也会得到提高；而若处于一个没有什么竞争氛围的环境之中，你的斗志也会慢慢地消磨，就像落入鸡群中的鹰，慢慢地连飞翔的本事也忘了。所以，当自己的人际关系可选择时，一定要选择一个健康、高层次、有利于自我发展与完善的环境。

既然人际关系对我们有如此大的影响，那么，我们怎样做才能建立起一个良好的人际关系呢?

第一,不要吝惜你的问候。一声问好,一句祝福,对你来说可能微不足道,但对于对方来说却可能意义重大。因为你的问候让他感觉到了温暖,给了他精神上的安慰,也给他的生活注入了更多的希望。所以,不要吝惜你的问候,这可以让对方的生活更加多彩,也可以让我们赢得更多的友谊。

第二,把标准降到对方的标准。如果你希望自己所表达的思想可以清楚明白地被对方接受,那就不要从自己的立场出发,而是从对方的立场出发。因为由于生长环境以及所受教育的不同,我们在语言的表述上也会出现一些差别。例如一个知识分子的思想与没上过学的就肯定不同,其言谈举止也会不同。你如果希望对方能理解、接受你的思想,就要用一种可以被他接受的语言表达出来。

那些深受欢迎的人,对别人说话时从来不会用一种强迫性的口气,如"你应该如何做"。而是常常用比喻的方法,把自己的意思生动地描绘出来,从而使别人心悦诚服地接受。

所以,最好的表达方式便是用语简洁,意思明确。就像白居易的诗之所以为人喜爱,是因为连老妪也能朗朗上口。

第三,学会保密。如果你成为别人的至交,出于信任,他可能就会把自己的一些私人秘密告诉你。此时,你就要学会替人保守秘密。否则,你们的友谊可能就会止于你的多嘴多舌。因为,之所以成为秘密,就是因为我们不希望它们被别人知道。因为其结果可能会让我们很没面子,或者会对自身造成某种伤害,于是我们便将其遮掩起来。

如果你未经朋友同意，便将他的秘密泄露出去，就会让他感觉很难堪，认为是对你们之间友谊的一种背叛。尽管对你来说，这可能根本就算不了什么，但衡量是否是秘密，不应站在自己的立场上，而是应该站在对方的立场上。

另外，守信也是做人的一种基本素质。如果你没有做到，就会破坏自己的个人信誉，从而对我们以后的发展带来极为不利的影响。因此，不要轻易向别人许诺。一旦许诺，就得兑现。如果万一出现了什么状况而让你的诺言无法兑现的话，便会在对方的心目中产生极为不利的影响。

诚恳正直的人，总会赢得别人的信任。背后不评论别人的是非，也是一种有修养的体现。但是，背后的闲言碎语，几乎已成为别人的通病。你的洁身自好，在别人眼里却成了格格不入。所以，想要得到正直也是需要付出一定代价的。而一旦你的身上拥有了这种美好的品质，也自然会得到他人弥足珍贵的友谊。

第四，让别人感觉到你的爱。处理好人际关系，需要向对方献出爱心。这种爱心是不附有任何条件的，就如同父母对我们的爱，我们对子女的爱。没有条件的爱，才会包含真诚。有了条件的爱，也就失去了它应有的力量。任何有爱心的人，都如同午后和煦的阳光，让人感觉温暖。而有阳光的照射，友谊之树也定会长青。

多结交有益的朋友

现代人整天忙忙碌碌在生活之间，似乎根本没有时间进行过多的应酬，日子一长，使得原本牢靠的关系变得松懈，甚至朋友之间久不联系地逐渐相互淡漠。这是非常可惜的。我们一定要珍惜人与人之间的宝贵缘分，即使再忙，也要抽出些许时间做些必要的"感情投资"。

在成功的人生中，处理好人际关系是非常重要的，广交朋友，少树敌人，是事业上取得成功的一个法宝。

俗话说："一个篱笆三个桩，一个好汉三个帮。"有一批志同道合的朋友，是我们一生最大的财富。这并非言过其实。早在原始社会，由于生产力很低，环境很恶劣，人类为了生存，于是便群居在一起。这也就是早期的氏族公社。那时，人们便意识到集体的力量，如果凭借个人，在那种情况下，人类是没有办法生存下去的。

"拥有众多朋友"能给我们带来更广阔的生存空间。对那些"拥有众多朋友"的人来说，机会与幸运之门是敞开的。"多个朋友多条路，多个冤家多堵墙"。这句话在世界上每个国家都有相同意思的版本，在许多人的心目中，商场就是战场，时刻都有可能会面对你死我活的争斗，根本没有什么人情好讲。其实不然，要想在商场上不被竞争打垮，你就必须懂得广交朋友，善于用"情"，它会给你带来意想不到的收获。

我们中国人，对人情一向非常重视，也正因为如此，我们这个民族才会有如此大的凝聚力。当然，随着社会的发展，人与人之间的关系已不仅仅局限于那种狭隘的血缘关系，而是扩展到一个民族，乃至一个国家。只要是中国人，大家便是"一家亲"。

我们应该充分利用这种人情关系。人类为了生存，先是发明了工具；而后，又驯服了野兽，让它们为我们服务；继而，征服了自然，让它为我所用。这些外力的借助，使我们得以更好地生存。除此之外，人与人之间，也可以相互借力，这也就要求我们要充分利用手中的人际关系。

香港富豪李兆基就非常善于处理人际关系，这使他的生意也充满了人情味儿，并且获益匪浅。他的哲学是：对长期合作伙伴，一定要让彼此皆大欢喜。

一次，恒基的建筑部经理偶然向李兆基提及，说承担恒基集团一项工作的承包商要求他们补发一笔酬金，建筑部已经拒绝了他们。

李兆基便问："那个包工头为什么要出尔反尔呢？一定有他的原因吧？"

"是的。"建筑部的人回答："他们说当初落标时记错了数。真到如今结账时，才发觉做了一单亏本生意。"

本来，这桩买卖是签了合同的，有法律保障，大可不必对此进行处理。李兆基却说："这包工头是我们长期合作伙伴，反正我们赚钱了，就把那笔钱给他吧！"

这个包工头只要与人提起李兆基，总是啧啧称叹："够朋友！"

李兆基之所以能成为亿万富翁，做出那么大的事业，这与他善于运用人际关系技巧有着十分重要的关心。

凡跟李兆基工作过的人都对他赞不绝口，认为他是最照顾伙计利益的好老板。

为了取得同事的精诚合作，李兆基总给几位左右手一些机会，让他们注股于一些十拿九稳的房地产计划上，让他们能赚到比薪金多几倍的利润，使同事分享业务的盈利，感受做生意的乐趣。

有一次，李兆基就拿出某地产项目的15%，让身边的5位好伙计加股，结果有一个人没有那么多钱，只好把股份放弃2%。

李兆基知道这件事，在问明原委之后，对他说："这样吧，我把我名下的2%的股份让给你，股本暂时算你欠我的，将来赚到钱，你再偿还给我。"

对下属，李兆基总是关怀备至，扶危济贫，赢得一片忠心和无限激情。

一次，李兆基身边一位任职多年的下属因自己炒楼炒股失败，血本无归，又被证券经纪行迫仓，欲哭无泪，走投无路。

李兆基知道这件事后，不等对方开口，马上叫来会计，嘱咐说："替他平仓吧。"

当时李兆基的恒基也欠下银行很多债务，可以说是自顾无暇，而市场又不景气，会计便忍不住问了句："在这个时候还帮他？"

李兆基说："就是这个时候，我不帮他，还会有谁帮他？"

这一做法自然让那些下属感激涕零，做起工作来更是勤恳卖力了。

所以说，无论对上对下、对内对外，良好的人际关系有时就是一笔巨大的投资，必然会在你需要的时候给你丰厚的回报。

我们要明白，生活是一面镜子，我们怎样对待身边的人，身边的人就会怎样对待我们。也许有些人认为朋友对自己不够真诚和真心，那么，在同等的条件下，为什么你在朋友之间的口碑就不如其他人呢？我们不否认自己的真心可能会被他人加以利用，但大多数时候，我们的真心绝对是构筑自己人脉最有价值的通行证。所以，当朋友遇到麻烦时，我们一定要真诚地去帮助他们，不使他们陷入困境，这样，我们在以后的人生道路上才能获得别人的帮助，我们才会有成功的机会。假如我们在别人需要帮助的时候没有给予别人帮助，甚至落井下石，那么，我们就要想清楚那个被我们作弄过的人会以什么样的心态对待我们，会以什么样的方式反击我们，我们曾经的过失很可能成为给自己树敌的导火索。

历史上那些成功者们，因为明白一点，他们都能够用自己的真诚换来朋友的真诚鼓励。

罗文是一位青年演员，他英俊潇洒，很有表演天赋，演技也很好。很显然，他受职业的影响，他需要有人为他包装和宣传以扩大影响力。因此他需要一个公共关系公司为他在各种报刊上刊登他的照片和一些有关他的文章，增加他知名度。但是，要组建这样的一家公司来为自己做宣传很显然是不可能的，他拿不出那么多钱。

偶尔的一次机会，罗文遇上了莉莉。莉莉曾经在一家很大的公关公司工作很多年，她不仅熟知公司业务，而且也有较好的人际关系网。几个月前，她自己开办了一家公关公司，并希望打入公关娱乐领域，但一直苦于找不到演员同她合作，所以经营很惨淡。

经过交谈，双方都认为他们很有必要合作，于是两人一拍即合，互取长短，终于走上了合作之路。

在前面我们已经简单介绍过，罗文是一名很有潜力的演员，并正在一些很有分量的电影中出现，而莉莉便让一些较有影响的报纸和杂志把眼睛盯在他身上。这样一来，她的公司很快就吸引了一大批公众的关注，他们付给她很高的报酬。而罗文不仅不必为自己的知名度花大笔的钱，而且随着名声的增长，也使自己在演艺圈里的地位步步高升。

可以说，他们的相互合作是一种取长补短、相互依存的合作。在这个社会中，每个人都渴望实现自己的人生目标，但如果不真心地帮助别人，也不会得到别人的真心帮助，那么，你的成功也就只能是一种妄想了。因此最聪明的做人之道是真诚地帮助别人，也只有这样你才能得到别人真诚的帮助。

我们只有帮助别人成功，才能追求自己的成功。每个人都有帮助别人的能力，即使我们没有金钱，付出我们的时间和心力去帮助别人也是对别人的一种鼓励和安慰，我们也会因为有过这样的付出而获得相应的回报。

帮助别人不仅利人，同时也提升了我们自身生命的价值。无论对方是否在接受了我们的帮助后心存感激，那都是我们人生意义的另一种体现，因为帮助别人的人就是有能力、有价值的人。通过观察我们不难发现，所有善于处理人际关系的人都有一个共同的特质，那就是真心地帮助身边每一个需要帮助的人。这也是他们之所以能走向成功的原因。

"没有朋友，我将一事无成"，很多成功者都曾经这样坦言相告。朋友是忠诚的伙伴，他们中的每一位都会尽心竭力地帮助对方取得成功，对他们的事业鼎力相助，并为他们取得没一点进步和成功而欢欣鼓舞。

一个人如果没有朋友，便会陷入精神上的空虚。他们总是把自己封闭起来，不愿意也不敢走到外面的世界中来，久而久之，就会使自己的思想僵化。而离群寡居更让他们成为别人眼中的一个"怪人"，因此而陷入人际交往的一个恶性循环之中。

所以，让我们敞开心扉，真诚地接受朋友。"千里难寻是朋友，朋友多了路好走。"

主动与他人交往

中国人很重视一个人的"人缘"，用社会心理学的术语来解释，人缘就是一种人际关系。在中国这种以关系为取向的社会里，十分强调社会和谐性及人际关系的合理安排。于是，人们潜移默化地形成了这样一种观念：人缘是一种力量，更是一种资源。成功学里讲"人脉即财脉"也是这个道理。

人际关系，有与上司的、同事的、朋友的、邻居的、亲人的等等，就好像一个网络，把你围在当中。如果你不去处理，你的行动就要受到限制；如果你处理不好，有可能伤到别人，同使也会伤害自己；处理好了，皆大欢喜，这个关系网也会为你带来有形和无形的收益。

牢固的人际关系是忠诚的保障，是事业成功的基石。善结人缘，广结人缘，不仅是交际应酬的需要，也是工作顺利、生活快乐不可缺少的环节。我们讨厌八面玲珑的人，认为他们虚伪、圆滑、自私自利，也在心理排斥和这种人交往。实际上，这种想法是不对的。人缘好，不一定意味着你是一个八面玲珑的人，而是证明你是一个与人能和睦相处的受欢迎的人。

毋庸置疑，有一个良好的人际关系，对我们的生活以及工作都会带来很多好处。但是，并非每个人都可以"相识满天下"。善于交际之人，一般也都比较健谈。但是，并不是仅仅有口才就够了。如果你遇到的是一个不善言辞的人，只你一个人在那里卖弄口才，这样的交谈也难以深入。在这种情况下，就很容易会出现冷场、沉默等尴尬局面。

如何才能避免这种情况的产生呢？这就要求我们要学会巧找话题，打破沉默。一般可以采用下面的方法：

1.在相似的因素上找话题

我们知道，如果希望交谈能够进一步深入，就一定要和对方有共同的话题。不然，你一个人在那里东侃西侃，而对方却如坠云雾之中，这样自然不会达到沟通的目的。我们可能见过不少这样的人，只是在那里自顾自地说，而不去在乎别人的感受。或许，他对你所谈的并没有什么兴趣，这时你就应该及时打住，转换话题。否则，就只能引来别人的讨厌了。

共同因素的范围包括很多，如爱好、兴趣、出身、籍贯、工作等。如果你知道对方爱养花，那就可以谈谈自己对这方面的感受。哪怕不懂也没有关系，你可以表现出自己对这方面很感兴趣，然后一副虚心的样子向他请教。这时，就算再木讷的人，也会在你面前滔滔不绝了。

2.请别人牵线

可能我们都有这样的体会，对素不相识的人，总会有很重的戒心。而如果是我们的朋友或是同事，以及其他我们熟悉的人所引见的人，那么感觉就会好多了。因为人们往往都会有这样的一个心理：信任朋友，同时也信任朋友信任的人。这可能是我们的一种思维定式吧。所以，我们可以利用这个特点，来扩展自己的人脉。

比如你极想结识一个人，但是他却总是喜欢拒别人于千里之外。这时不妨去找他的朋友，通过他的朋友来认识他。因为他是不会好意思不给自己朋友面子的。这样，你虽然绕了一点弯，但却达到了自己的目的。

3.多提问题

在与人交往之时，最忌讳的就是自己一个人在那里夸夸其谈。或许，你说得很多，但对方却不一定完全听进去。且你的这种霸道做法往往还会引来别人的反感。交往中，并不是自己说的越多交往越顺利。聪明的人，会让对方说得比自己多。因为，这样是让对方处于一个主动的地位，让他感觉到你对他的尊重，因此他也会从心理上接受你。一个人对你说话，也就表明他准备把自己的心事与你分享，他希望你可以进入到他的内心世界。这才是一种良好的交往。否则的话，可能就是徒劳。

如何让对方多说呢？除了上面所说的谈他感兴趣的事以外，还要学会多发问。而这个过程，就是他向你传递自身信息的过程。你要仔细捕捉，那些是有用的，那些没有意义。随着你对他了解的深入，你也越知道该如何寻找话题，如何让这种交流进行下去。

4.对社会热点问题进行交谈

这就要求你的信息十分灵通，对当下的时事十分了解。可以通过多看一些报纸或新闻来扩展自己的知识面。

　　一般两个人刚刚接触，不会谈太深入的问题。而时下人们所共知的热点问题，便成为当下最好的选材。因为这不涉及我们的隐私，也不会对别人造成伤害，而且还能显示出自己的见多识广。但是有一点一定要注意，那就是此时一定要避免谈论一些有争议的话题。如果初次见面你们便脸红脖子粗地争论起来，那也别指望以后会顺利了。

　　5.从眼前或身边的具体景物上找话题

　　如果是初次相识，你还不了解对方的兴趣及喜好，那就从眼前或身边的具体景物上找话题。因为此时，你们处于同一环境当中，而这正是你们的共同点。比如身边的一件事物、一个小小的饰品，甚或一杯茶、一张报纸等。这样，即不显得唐突，又不至于无话可说。

　　打破沉默，最根本的办法便是改变自己的性格。一定要冲破自我封闭、顾虑重重的心理障碍，敢于向陌生人敞开自己的心扉。其实，只要你可以向对方伸出手，说出第一句话，那么以后的事便好办多了。与人交谈，关键不在于说的多少，而是要努力使自己引起对方的兴趣，为以后的交往埋下伏笔。

不要踏入交际的"误区"

　　和同事相处，不要抱着"万事不求人""万事不助人"的想法，一个人不可能一辈子都不需要别人的帮助。当别人遇到了困难的时候，要主动伸出援助之手，平日里也要关心同事、乐于助人。

　　一个人要想成功，人际关系是很重要的一个方面；一个人要想生活得开心愉快，同样需要良好的人际关系。如果在"横眉冷对"的气氛中生活，可想而知，根本没有什么快乐幸福可言，你要学会享受与他人的每一次交往，用心品味其中的乐趣，怀着平静的心态对待自己和他人。与他人的合作会让你赢得自信和尊严，并能使你快速高效地完成任务。

　　有些人在人际交往中存在着一定的问题，主要有以下几个方面。

　　自负：这种人只注重自己的感受，关心个人的需要，在人际交往中表现得肆无忌惮，目空一切。无论说话还是做事，全然不考虑别人的感受，很容易让人反感，与之疏远。

　　高傲：这种人孤芳自赏，认为别人世俗浅薄、难以接受，喜欢在自己的小圈子内活动。我们应当正确地认识自己，客观地评价他人，消除自己设置的心理障碍，敞开心扉，用坦荡、真挚的感情去赢得别人的理解和支持。

　　多疑：这种人对任何人任何事都持有一种怀疑的态度，容易把别人的好意当成恶意、敌意。我们应该抛弃成见，敞开心胸，多与朋友开诚布公地交流感情，客观地看待周围的人和事。

腼腆：腼腆主要有两种情况，一种是生性内向、沉静，另一种是过于自爱，过于重视自己的言行。对第一种情况，要加强性格锻炼；对后一种情况，要改变观念，树立生活的信心，并培养交际技巧。

干涉：有些人对很多事情都怀有好奇心，特别是对一些人的私事很感兴趣。在交往中，专门爱询问、打听、传播他人的私事。这种人并不一定有什么实际目的，只是以刺探别人的隐私为乐，但是没有人会喜欢这种人，也没有人愿意与这种人交朋友，大家都会对他敬而远之。

角色固执：人的一生需扮演多种角色，在不同的时间场合要扮演不同的角色。有的人不知道适时变通自己，就会形成社会角色固执。比如，有人在单位是领导，习惯向下属发号施令，回到家里又把这个社会角色用在对待孩子上，孩子肯定不会接受，还会产生逆反心理；如果用来对待朋友，朋友便会认为他盛气凌人，不值得交往。

人际关系好的人，善于与各种人打交道，能够成为社会活动的润滑剂，成为拓展关系网络的"蜘蛛"，成为与客户打交道的中坚力量。所以，让自己成为善于交际的人，既可以为自己带来良好的人际关系，还可以使自己的事业平步青云。一般来说，善于交际的人往往都是受欢迎、不讨人嫌的，这种人的主要特征有以下几点：

1.多听少说

在人们自我表现倾向已经普遍化的今天，一个人能够静下来聆听别人说话，可以算是一种美德。其实，善于说话的人也应当善于听话。

我们常听到这句话："沉默是金。"这是金玉良言。多听的好处很多：可以搜集资料，可以观察人情世故，还可以避免因多言而造成的差错。少说话是现代人重要的修养之一。

2.尊重隐私

每个人的心灵深处都有不愿公之于众的角落，都有自己的隐私。这些隐私可能只会向自己的好朋友或是信得过的人透露。当你知道别人的隐私的时候，记住一定要保密，否则你就会失去他人对你的信任，失去更多的朋友。

3.适当谦虚

在生活中，有的人很谦虚，在别人面前，他们总是表现出自谦的样子。其实，也不必如此，当他人赞美你的时候，只要对方是发自内心的而且你自己也是当之无愧的，就不妨大方地回以微笑，表示谢意。过分地谦虚，会显得矫揉造作；适度地谦逊，则使自己更值得尊敬。懂得适度谦虚的人是受人欢迎的。

4.善于变通

社会和环境都是在不断地变化的，为了跟上周围的变化，一个人也要学会变通。善于交际的人都不会死守一个原则，而是很会变通。美国辛辛那提大学乔治·古纳教授在教学中说过这样一个故事。

有一天，一家公司的经理突然收到一封非常无礼的信。信是一位与公司业务往来关系很深的代理商写来的。

经理怒气冲冲地把秘书叫到自己的办公室，向秘书口述了一封回信："我没有想到会收到你这样的来信，尽管我们之间存在一些交易，但是按照惯例，我还是要把这件事情公布出来。"

经理叫秘书立即将信打印出来并马上寄出。

对于经理的命令，这位秘书可以采用以下四种方法：

第一种是"照办法"。也就是秘书按照老板的安排，遵命执行，马上回到自己的办公室把信打印出来寄出去。

第二种是"决议法"。如果秘书认为把信寄走对公司和经理本人都非常不利，那么秘书应该想到自己是经理的助手，有责任提醒经理，为了公司的利益，哪怕是得罪了经理也值得。于是秘书可以这样对经理说："经理，这封信不能发，撕了算了，何必生这样大的气呢？"

第三种是"批评法"。秘书不仅没有按照经理的意见办理，反而还对经理提出批评："经理，请您冷静一点，回一封这样的信，后果会怎样呢？在这件事情上，难道我们不应该反省反省吗？"

第四种是"缓冲法"。就在事情发生的当天，下班时，秘书把打印出来的信递给已经心平气和的经理，说："经理，你看是不是可以把信寄走了？"

乔治·古纳教授在教学中选择了第四种"缓冲法"。

他的理由是：

第一种"照办法"，对于经理的命令忠实地执行，作为秘书确实需要这种品质，但是仅仅"忠实照办"，仍然可能是失职。

第二种"建议法"，这是从整个公司利益出发的，对于秘书来说，这种富于自我牺牲精神的做法是难能可贵的。可是，这种行为超越了秘书应有的权限。

第三种"批评法"，这种方法的结果是秘书干预经理的最后决定，是一种越权行为。

乔治认为，第一种和第二种行为虽然没有什么值得称道的，但是毕竟还有可取之处，而第三种方法是最不可取的，因此，建议秘书采用第四种方法。在秘书的职责范围内，巧妙地对老板的决策施加影响，既无越权之嫌，又收到了良好的效果，因而是最好的办法。

如果你就是一位秘书，遇到这种情况，不妨照着乔治·古纳教授的方法试一试。如果你不是秘书，也可从中获得有益的启示。

我们的看法是：

第一，老板说什么就做什么，只听命令行事的下级不是一个优秀的下级。

第二，虽说下级是老板的助手，可是超越职权范围办事也是不可取的，聪明的下级是不会这样做的。

第三，聪明的下级应该巧妙地对老板施加影响而不越位，这才是正确的做法。

所以，在帮助老板发挥自己作用的时候，一定要掌握分寸与角色艺术，出力而不越位。

在上面的案例中，建议法因为有越权之嫌被乔治·古纳教授排除了。不过在很多场合，下级给老板提建议或忠告，也是很必要的，因为这是帮助老板的重要途径，也是当好一个下级的正确之举。但是效果如何，取决于下级行事的方式，取决于下级是否在正确的时间、地点，以正确的方式做正确的事情。

以下是应该注意的要点：

第一，要看老板的心情。

人在心情好的时候，看什么都顺眼，不容易发怒，会心平气和地对待周围的一切，老板也一样。在老板心情开朗的时候，即使下级提出建议有越权之嫌，老板也不一定会介意；相反，如果在老板盛怒的时候提出建议即使合理，老板也不一定会接受。

第二，要"多桌下，少桌上"。

也就是说，下级向老板提建议时，要多采用非正式场合，少利用正式场合；多采用非工作角色身份，少利用工作角色。下级对老板一般不宜公开提出批评意见。

第三，要学会"变通"。

下级给老板提建议，应该多从正面去阐述自己的观点，而不要从反面去否定或批驳老板的观点。如果觉得有必要，甚至可以有意回避或做迂回变通。从马斯洛的心理需要层次论来看，这种做法适合了人的自尊需要。

上面的案例主要讲的是如何与老板交往。其实，在工作中，除了老板，我们和同事可谓朝夕相处，所以处理好同事关系就显得更为重要。

和同事相处首先一定要谦虚谨慎，不能自吹自擂。每个人都有优点，同样，每个人也都有缺点。人和人的能力是不一样的，你在某一方面或许很突出，而你的同事可能在其他方面比你好，如果你的确是一个才华出众、能力强、办事效率高的人，在同事面前也不要自高自大、盛气凌人，对那些能力不如你的人指手画脚、不屑一顾。如果你这样做，只能招致他人的反感和抵触。能干的自我形象和帮助他人的举动，能很容易赢得别人的信服，但是，过于突出自己，则会使人反感。

一次，富兰克林在参加议会活动时，有位议员对他大肆攻击，但富兰克林并不反驳。他知道这位议员非常博学，又听说他珍藏了几部非常珍贵的书，于是修书一封，希望借书一阅。议员立即把书送来。一星期后，富兰克林将书送还，并附了一封热情洋溢的信。

那位议员本来不和富兰克林说话，但自从"借书事件"之后，遇到富兰克林，他竟然主动打招呼，并表示愿意帮他任何忙。

按照常理来说，想和一个人搞好关系，最好的方法是去帮助他。但富兰克林却没有这样做，他要求攻击自己的人帮助自己。而这种一反常态的做法竟然取得如此好的效果，为什么呢？

原因就在于人是有多重需求的，既有得到帮助的需求，也有被尊重的需求。对某些能力较弱的人来说，需要帮助的要求更大一些；而对某些能力较强、自我感觉又好的人来说，自己被尊重的愿望更强一些。富兰克林的借书之举，反倒使人觉得亲近，令那位议员产生了一种被尊重的感觉，因此"借书事件"拉近了他们之间的距离。要想得到别人的肯定，要想在公司当中为自己的发展创造良好的环境，要想有一个良好的人际关系，就要学会和各式各样的人相处，不卖弄、不高傲，尊重每一位同事，即使是和你作对的人。

在工作中取得好成绩，是一件让人非常高兴的事情，好成绩代表了你的努力最终获得了回报，也代表了老板对你工作的肯定，你一定会感到喜悦。如果你的成绩也被同事所肯定，他们自然会为你高兴。

但需要注意的是，千万不要在同事面前炫耀卖弄。

如果在同事面前过多地谈论自己的成绩和功劳，会让同事觉得你是在有意抬高和显示自己，甚至会觉得你是在轻视或贬低别人。

其次，一定要热情真诚，乐于助人。俗话说得好：天有不测风云，人有旦夕祸福。我们在工作、生活中难免会遇到挫折和困难。当同事遇到困难的时候，我们千万不要冷眼观望，要主动帮助他、关心他，这是和同事友好相处的必要条件。

人都是有感情的，人与人之间相交，靠的就是真心诚意。如果你在同事处于困境的时候助他一臂之力，他会记得你的好，哪天你陷入困境的时候，他也一定会帮助你。

第七章
提升你的职场诚信

　　只有在真诚的基础上取的他人的信任，交往中才有可能设身处地站在对方的立场上理解对方的思想感情，才有可能影响和改变对方的情绪。如果你对某个人连起码的信任都没有，那么他的言行就不可能在很大程度上左右和改变你的情绪。

坚守信用

丘吉尔说过：在人际关系的历史上，没有永恒的朋友，只有永恒的利益。有的人认为这句话也适用于人际关系了，那就大错特错了。事实证明，人们愿意与诚实守信的人交往。还有句话说："你可以在所有的时间欺骗一个人，也可以在一个时间欺骗所有的人，但是你不可能在所有的时间欺骗所有的人。所以，诚实的人可能要在成功的路上艰苦跋涉，但靠欺骗是永远无法取得成功的。

只有在真诚的基础上取得他人的信任，交往中才有可能设身处地站在对方的立场上理解对方的思想感情，才有可能影响和改变对方的情绪。如果你对某个人连起码的信任都没有，那么他的言行就不可能在很大程度上左右和改变你的情绪。

藤田田31岁，已经打工6年，存款不足5万。此时，一个足以改变他一生的际遇降临了：闻名全球的麦当劳开始进军日本。他想抓住这个机会，但是根据麦当劳总部的要求，特许加盟商必须要有75万美金的存款，还要有一家中等规模以上的银行的信誉支持。显然，他根本就不具备这样的条件。但他不甘心就这样白白失去这个好机会，经过再三思索，他终于鼓足勇气走进日本住友银行总裁的办公室。总裁听完他诉说只是淡淡地回答："你先回去，让我考虑考虑。"藤田田知道这代表拒绝的意思。

对这一情形，他早有思想准备：万不得已，他只能以自己的诚信来做最后的争取。于是，他再次恳切地说："先生，您可否让我告诉你我那五万块钱的来历？"总裁觉得这个年轻人很与众不同，就点点头表示同意。于是藤田田讲述了自己怎样每个月里都按时存款，不管遇到什么样的困难，他都想方设法来渡过，从来没有间断过，就是为了有机会了来开始自己的事业。他态度恳切，使总裁大为动容，并答应下午就给他答复。藤田田离开后，总裁立刻开车找到她存款的那家银行，柜台小姐对这个经年累月、风雨无阻的年轻人印象很深刻。结果可想而知，藤田田得到了那笔贷款，一手创造了麦当劳在日本的奇迹。现在在他手下的麦当劳分店在日本到处都有，年营业额超过40亿美元。但是，设想一下，如果藤田田当初仅是为了想得到那笔贷款而骗总裁的话，他最终不仅得不到那笔钱，也就不可能会取得今天的成功。

罗赛尔·赛奇说："坚守信用是成功的最大关键。"诚信这东西是易碎品，打造起来要花大工夫，毁坏它却不费吹灰之力。

美国成功学大师奥里森·马登说过："任何人都应该拥有自己良好的信誉，使人们愿意与你深交，都愿意来帮助你。"但是，也有人有这样的看法，即认为一个人的信誉是建立在金钱基础上的，只要有钱，就有信用。曾经有一个哲人说过："当一个人的所有性格特征和承诺一样庄严神圣时，他的一生就拥有比他的职位和成就更伟大的东西——诚信，这比财富更重要，比拥有美名更持久。"事实上也的确如此。和良好的信誉、高贵的品质、聪明的才干、吃苦耐劳的精神比起来，亿万财富实在算不了什么。

日本证券公司的创立者、东京瓦斯公司的董事长小池国三，就是靠诚信起家的一位企业家。小池13岁时就开始在一个小商店做店员，同时又兼职替一家机器公司做推销员。一次，他推销机器十分顺利，半个月就与33位顾客签订了销售合同。不久后，他发现他卖的机器，比其他公司出品的同样性能的机器价格高。他想，与自己订约的客户如果知道了，一定会感到后悔。于是他立即带着订约书和定金，用了3天时间，走访了那33位客户，并向客户做了说明。这种诚信的做法，使客户深受感动，结果，33位客户中没有一个因价高而终止合同，反而加深了对小池的信任。由于小池的诚信深深地感动了客户，他们纷纷前来与他订货，几年后，小池就创立了山一证券公司。

牺牲一些眼前的利益，以诚信的态度对待公众，有时看起来似乎吃了很多亏，但从长远的眼光来看，却会获益匪浅。我们应该知道，如果要想拥有长远的利益，就必须要有长远的目光。

《联想什么》中谈道："一个人没有才能，一个公司没有实力，很难有什么信誉。一个人不将道德，一个企业不守信用，更谈不上什么信誉。要想取信于人必须有所付出，有所重视，有所为有所不为"。在这里面，谈到了信誉的重要性，诚信不仅是人际交往的必要条件之一，而且在现实中，诚信也是人们有意无意地用于衡量一个人是否值得深交的首要准则。

许多人对台湾台塑集团董事长王永庆的成功很感兴趣，当有人问他创造亿万财富的秘诀是什么时，王永庆答道："我啊，其实长得也不英俊，最要紧的是以诚待人，以信待事。如果你没有诚意，你周围的人迟早都会离开你。一个企业不只是靠一个人，是靠大家的。单单你一个人，再有能力也没有用。历史上项羽力能扛鼎，非常能打仗，但最后还是失败了。这就告诉我们，一个人再有魅力，也成不了事。你要以诚待人，以信待事，有好的管理，有好的人员，有好的制度。每个人都帮助你的话，你一定能成功。"

一次，李嘉诚在与外商谈生意时，对方要求必须拿出担保人亲笔签字的信誉担保书。但李嘉诚找不到担保人，所以他直率地告诉批发商："我不得不坦诚地告诉您，我实在找不到殷实的厂商为我担保，实在抱歉。"而他的诚恳态度，竟深深地打动了批发商，他说道："李先生，我知道你最担心的是担保人，我坦诚地告诉你，你不必为此事担心，我已经为你找好了一个担保人。"李嘉诚愣住了，哪里有对方找担保人的道理？批发商微笑着说："这个担保人就是你。你的真诚和信用，就是最好的担保。"当时两个人都为这种幽默笑出声来。谈判在轻松的气氛中进行，很快签了第一单购销合同。按照协议，批发商提前交付货款，这基本上解决了李嘉诚扩大再生产的资金问题。而且这位批发商主动提出一次付清，可见他对李嘉诚的充分信任。

诚信是人与人之间交往的基础，也是交易成功的保证。在市场经济发展的进程中，信誉交易大大降低了交易成本，扩大了市场规模，也使每个交易者都有了自己的权益。失去了信誉，不仅交易双方合法权益得不到维护和尊重，交易的链条也会断裂，市场经济也会无法正常运转。因此，守信行为不仅是交易能够顺利进行、经济能够运转的前提，也是个人和企业立足于社会的首要条件。

被人信任与信任他人是建立良好关系的基础和纽带。同时与人分享彼此间的情感和动机也是十分必要的。哪里有诚信，哪里就有完善的人际关系。不遵守这项原则，一个人是很难有所成就的。

任何人都期望有一个良好的人际关系、一个融洽的工作环境，期望与其他同事和睦相处，在心情舒畅的环境中工作。而要达到这个境界，就要以一颗平常心去看待同事，以诚相待，平等对人，以自己的"诚心"和"善意"去换取同事的"真心"和"实意"。

同事之间是为着同一个目标而工作的，我们没有理由不与人为善、平等相待，只要真心实意以诚相待地对待他人，就会感化他人，无论在什么地方，在什么情况下，都能把工作做好。

对同事诚信，就是对同事诚实、坦荡，讲求诚信，不矫不饰，无欺无诈。诚信是人与人交往的基本规范和总体要求，也是处理与同事关系的首要原则。

同事之间的关系，在很大程度上决定了整个团队的核心竞争力，也可以理解为抗击外界干扰与破坏的能力。团队成员如果能做到真诚相待，这个团队就有生命力，有发展潜力。正如俗语所讲：三人一条心，黄土变成金。成员之间真诚相待的另外一个好处是使团队内部充满人情味，每个成员都会收获到令人心旷神怡的可贵的友谊，在一个和谐的工作环境中工作，不会感到疲惫，即使辛苦，也会感觉心情愉悦。

　　当同事工作上遇到困难时，你应该尽心尽力予以帮助，而不是冷眼旁观，甚至落井下石；当他征求你的意见时，你不要给他发出毫无意义的称赞，可以谈谈自己的看法；当他在无意中冒犯了你，又没有跟你说声对不起时，你要以无所谓的心情，真心诚意地原谅他，如果今后他还有求于你时，你依然要毫不犹豫地帮助他。有人会问："为什么我要待他这么好？"答案是：因为你是他的同事。在日常工作中，一多半的时间你都是跟他们在一起，能否从工作中获得快乐与满足，与你朝夕相处的同事有很大关系。如果在办公室里，没有人理你，没有人愿意主动跟你讲话，也没有人向你倾吐真心时，你还会觉得你的工作有意思吗？

　　同事之间接触的时间可能比家人还长，再加上有时候存在一些竞争关系，在朝夕相处中难免会产生一些摩擦或者矛盾。所以懂得如何把这种摩擦降到最低限度，把这种竞争导向对自己有利的方向，是非常必要的。现代社会既强调分工，更注重合作，一个企业、团体犹如一个小社会，各部门工作相对独立，但要把每件工作做好，需要各个部门的同事互相团结、协作，朝同一目标进发，形成合力，才能把工作做好。那么，怎样与同事保持良好的合作关系呢？记住八个字：精诚合作、以诚相待。一个公司中的人来自天南海北，性格习惯迥异，工作风格也各不相同，但有一样是共同的，那就是基本出发点是一样的：都是为了打一份工，赚一份钱，在个人事业上有所成就。即使彼此性格不合，为了能很好地完成工作任务，明智之人也能在"就事论事"的准则下，求同存异，互相包容，共同完成工作任务。

　　在做好工作的基础上，同事之间互相以诚相待，多沟通，多了解，增加认同感，私人感情也就会不断增进，同事就会逐渐变成朋友。毕竟，职场上，多一个朋友就意味着多一条路。你可以利用业余时间，多与同事聊天，分享工作、生活上的经历，了解对方有何困难是你可以帮助解决的，也可以提出自己的困难，看同事是否能够帮忙。在增进私人感情的基础上，工作上自然也会比较顺畅，那么获取成功也就会因此而变得容易。

诚信是一笔财富

诚信是一笔财富，用通俗的话来讲，在今天的社会，只有树立了诚信，才能使你长久地生存，才能赚到更多的钱。

不久之前，美国司法部公布一份研究调查，结果发现，员工监守自盗的行为对企业所造成的损失，每年高达100亿美元！据调查，平均每个白领阶层的员工，每个星期假公济私的时间长达4小时又18分钟，员工利用这些时间的方式有迟到、早退、延长午休时间、抽烟、打私人电话等。

这些假公济私者或是监守自盗者，以为自己占到了便宜，事实上失去的比他得到的多得多，因为他失去了诚信。一个真正成功的人是非常诚实的。俗话说："诚实是上策"，但我想说的是诚实不只是上策，更是上上策。

《圣经》里有一段话说，"行正直路的步步安稳，走歪曲道的必至败路。"

我想关于诚信有三点是非常重要的：

（1）诚信不仅是嘴上说的，更要表现在行动上。

（2）诚信带来保障。也就是说，我们过着正确的生活，所以，我们不需要害怕什么事情。

（3）缺乏诚信会导致毁灭。你播种什么就收获什么，你私下做的或者没有做的事情，最终会被公众所知道。

在纽约的河边公园里矗立着"南北战争阵亡战士纪念碑"，每年都有许多游人来到碑前祭奠亡灵。美国第18届总统、南北战争时期担任北方军统帅的格兰特将军的陵墓，坐落在公园的北部。

格兰特将军的陵墓后边，在靠近悬崖边的地方，还有一座小孩子的陵墓。那是一座很小、也很普通的墓，它和绝大多数美国人的陵墓一样，只有块小小的墓碑。在墓碑和旁边的一块木牌上，记载着一个感人至深的关于诚信的故事：在两百多年以前的1797年，这片土地的小主人才五岁的时候，不慎从这里的悬崖上坠落身亡。其父伤心欲绝，将他埋葬于此，并修建了这样一个小小的陵墓，以作纪念。数年后，家道衰落，老主人不得不将这片土地转让。出于对儿子的爱心，他对今后的土地主人提出了个奇特的要求，他要求新主人把孩子的陵墓作为土地的一部分，永远不要毁坏它。新主人答应了，并把这个条件写进了契约。这样，孩子的陵墓被保留了下来。

沧海桑田，100年过去了。这片土地不知道辗转卖过了多少次，也不知道换过了多少个主人，孩子的名字早已被世人忘却，但孩子的陵墓仍然还在那里。它依据一个又一个的买卖契约，被完整无损地保存下来。到了1897年，这片风水宝地被选中作为格兰特将军的陵园。政府成了这块土地的主人。无名孩子的陵墓，在政府手中依然被完整地保留下来，成了格兰特将军陵墓的邻居。一个伟大的历史缔造者之墓和一个无名孩童之墓毗邻而居，这可能是世界上独一无二的奇观。

又一个100年以后，1997年的时候，为了缅怀格兰特将军，当时的纽约市长朱利安尼来到这里。那时，刚好是格兰特将军陵墓建穴100周年，也是小孩去世200周年的时间，朱利安尼市长亲自撰写了这个动人的故事，并把它刻在木牌上，立在无名小孩陵墓的旁边，让这个关于诚信的故事世世代代流传下去……

诚信是不需要语言的，没有约定的诚信往往比有约定的诚信高出千倍。

诚信对于一个人来说最大的特点是言行一致。言行一致是一种态度，是一种思想和行为的境界。言行一致的人心怀坦荡，言行一致的人表里如一，言行一致的人值得信任。言行一致的意思是，人们觉得你口头上所说的话和你所做的事是一样的。

一个人听到别人对自己最高的赞美之一是：你是个言出必行的人，你是个诚信的人。做个言必行、行必果的人，千万不能言而无信。讲话很便宜，不过食言很贵，因为它赔上了自尊。行为上的诚信永远比语言的诚信还要来得重要，因为行为显示了你对自己真正的评价。

诚信赢得信赖

没有什么比顾客的信赖更价值连城的了。而只有那些能够在一个行业中待得足够久的人，才能建立起信誉这样宝贵的无形资产。

无论是对于一个公司、一种产品还是一个人来说，很多伟大的品牌之所以难以超越，正是因为它们的信誉和口碑是由漫长的时间一点一滴积累而成。而无论你是给人打工，还是自己创业，尽早地建立一个良好的信誉都是至关重要的。因为，信誉一旦建立，你就发现自己开始畅通无阻。

相信我，你的命运和前程就在这点点滴滴的对信誉的积累之中。

安东尼经营了一家服装公司，因为资金紧缺，向一位朋友借了60万美元，承诺一年之后还清。

一年很快就过去了，安东尼的公司因资金周转困难，一时还不出借朋友的钱。安东尼想方设法，利用各种途径凑足了30万，可剩下的30万再怎么也弄不到了。怎么办呢？随着还钱日期的临近，安东尼的眉头越皱越紧。

公司里有人出主意：干脆向朋友求个情，让他再宽限些时间不行吗？安东尼眼一瞪，坚决地摇摇头。还有人提建议：不如先给你朋友开张空头支票，等账上有了钱再支付。安东尼脸色大变："你当我是什么人了，说完扭头就走。最后，安东尼决定以自己的别墅为抵押，然后向银行贷款，银行只肯贷26万。没办法，安东尼一咬牙，便把别墅以低价出售，然后和家人搬到了一处小平房。最后，安东尼终于在限期之内还清了朋友的欠款。

不久，朋友打电话给安东尼，说周末想到他家聚聚，可没想到平时好客的安东尼竟一口回绝了。朋友很是奇怪，就在周末开车去找他。当朋友辗转反复，终于找到安东尼的"新家"时，一下子惊呆了。当他得知这一切都是为了还自己钱时，他感动不已。临走时，朋友诚恳地说，你这么讲信用，以后有事尽管找我。

这件事很快被朋友传开了，安东尼在自己的圈子里以诚信出了名。

又过了两年，因一次意外事故，安东尼的生意又陷入了危机。就在他实在支撑不下去时，很多朋友都主动向他伸出援手，帮他贷款的贷款、借钱的借钱。在这些朋友的帮助下，安东尼很快就解决了危机，从此在事业上一帆风顺，重新迈入了成功商业家的行列。

每当有人问起安东尼的成功经验时，安东尼就会郑重地说："诚信使我获得了成功。"

一位布料商店的经理，想把店里整匹布料剪成的零段作为碎段布料来销售，并登载广告，宣传其相比按匹算的布料便宜合算，认为人们一定会因此而争相购买。

但想一想，如果顾客们发现了他们的这种欺诈行为，以后还会有人来光顾这家商店吗？

在很多人眼里，说谎、欺骗为他们带来很多好处。

即使在所谓信誉好的商店里，用动人的广告哄骗消费者，将货物的弱点加以掩饰也是他们经常做的事情。在这些人眼中，经商过程中处处讲实话几乎不可能，欺骗与资本占有同等重要的地位。

现代新闻界里偏离事实、渲染事实、牵强事实、颠倒事实的现象已经很常见了。报纸的声誉有如人的声誉，经常的欺骗性报道只会诋毁声誉，博得一个说谎者的名声。

而要想成为新闻界的中流砥柱，新闻报道立足于事实应是最基本的要求，因为只有这样，销量才会成倍增加。

要知道，一个好的名声是很难用价值来衡量的，而为了眼前短暂利益撒谎是鼠目寸光。

在经商过程中，危害最大的莫过于不诚实。人们往往更喜欢以欺骗顾客、隐瞒实情的手段来渡过经济萧条时期。尽管他们的目的可能达到，但这只是暂时的，因为他们的人格和信用已遭损坏，这些是不能用他们刚赚到手的那些少量的金钱来衡量的。

曾经说谎欺骗的人或机构，认识到其损失再懊悔不已只是迟早的事。

在美国的很多商店，开业时非常繁荣，不久后便如昙花般凋零了，这是因为刚开始的繁荣是建立在不诚实的基础上的，而这种基础导致的必然结果便是关门大吉。

也许刚开始他们从顾客那里获得了好处，但是随着顾客对它的认识，商店的营业也开始清淡，最后走上歇业破产。

而美国有些大商行因其诚信的名誉，其公司的名字和品牌价值数百万美元，但良好的信誉又岂能用价值来衡量。

在生活中，信用也是一笔财富，懂得珍惜它的人，就会因它而获得更大的财富。

一个人若在日常生活中坚持诚信原则，别人不会对他产生怀疑，他对自己也充满自信，与那些没有信用的人相比，一个诚实守信的人力量更大，对自己的行动也更有把握。

一个人为了自己的利益就出卖人格，尽管获了些名利，可这与那宝贵的人格相比，又算得了什么呢？想弥补一个人已损坏的声誉几乎是不可能的。一个连自己的人格都不要的人，其人生是没有什么价值可言的。一个人一旦悖逆天性，别说贪图名利了，其他一切丑陋行为他都能干得出来。

请记住：如果你想要的是长久的人脉和深厚的社会关系，而不是蜻蜓点水，一锤子买卖，那么诚信是鸡，财富是蛋。

诚信之人受欢迎

一个人如果只懂得关心自己，那么他是一个自私的人，也不会被很多人喜欢。要想他人喜欢自己，首先要喜欢他人。这种喜欢不一定要刻意的表达和赞美。也许，只是在别人感冒时，递了一张面纸一杯热水，但这份关心却是真诚的、发自内心的，别无所图。这样的人，自然会获得更多的朋友，赢得更多人的青睐，遇到更多好的机会，丰富自己的人生。另外，这里的"诚"除作"真诚"解释外，还有"诚信"的意思。只要心存诚信，不管千难万险，我们的生活都会充满阳光，走在成功的路上也不会太累。

蒙娜是一家大型公司的资深人事主管，在谈到员工录用与晋升方面的尺度时，她说："我不知道别的公司在录用及晋升方面的标准是什么，我只能说，我们公司很注重应征者对金钱的态度。一旦你在金钱上有了不良的记录，我们公司就不会雇用你。我们很注重一个人的品行，并且以此作为晋升任用的标准。

这样做的理由有四点：第一，我们认为一个人除了对家庭要有责任感外，对雇主守信是最重要的。你在金钱上毁约背信，就表示你在人格上有所缺陷。但是，今天很多美国年轻人却不以为然。要知道，在金钱上不守信用，简直与偷窃无异。第二，如果一个人在金钱上不守诺言，他对任何事都不会守信用。第三，一个没有诚意信守诺言的人，在工作岗位上也是不值得信任的。第四，一个连本身的财务问题都无法解决的人，我们是不任用的。因为在金钱方面有不良记录的人，犯罪率是普通人的十倍。"

这样的用人标准说明了这样一个问题：诚实信用是衡量人品行的一把尺子。这把尺子，适用于古今中外的所有人。生活中，倘若你欠了十元钱赖着不还，那么你的信誉也就只值十元了。诚实守信不仅是一个人品行的证明，同时它还使人树立起对家庭、对社会的强烈责任感。要获得他人的信任，除了要有正直诚实的品格外，还要有敏捷、正确的做事习惯。即使是一个资本雄厚的人，如果做事优柔寡断、头脑不清，缺乏敏捷的手腕和果断的决策能力，那么与他合作的人就不免担心自己的投资是否能有应得的回报，所以他的信用仍然维持不住。

信任是极其宝贵的个人财富，就像是后天培养的珍贵资源，一个人一旦失信于人一次，别人下次再也不愿意和他交往或发生贸易往来了。只需要一次就可能会失去信任，但换回信任就难了。所以说，成大事希望最大的人倒不是那些才华横溢的人，而是那些最能以真诚的心、良好的信誉给人以好感的人。与这样的人往往可以保持良好的较为长久的合作。通常，教师认为最有前途的学生往往就是那最能博得他欢心的孩子；老板认为最称心满意的店员，也就是那最能投合自己心理的人。

人类仿佛有一种共同的心理，那就是如果有人能使我们感到高兴喜悦，即使事情与我们的心愿稍有相背，也不太要紧。我们生活中的许多例子都可以证明，能博得人的欢心，获得人的信任，是为人处世必不可少的。

要想博得人们的欢心、获得人们的信任，首先一条就是要有一种令人愉悦的态度，表情亲切，行为活泼。相反的，无论你内心中是否对别人有好意，如果人们从你的脸上看不到一点快乐，那么谁也不会对你产生好感。

与人交流，最好少说自己的隐私和好恶，你应该学会做一个倾听者，常常流露出对别人的谈话兴趣，能仔细听对方说话。这样做对你自己丝毫无损，说不准还可以从别人那里学到更多的东西。而你所表现出的对别人的同情却往往能达到雪中送炭的效果，成为他们心中最重要的礼物。在这个过程中，无形地增加了对方对你的好感和信任。

任何成大事者都需要持之以恒的精神，同样，要获得别人的信任也是如此。良好的态度要一以贯之，千万不要今天扮了一天笑脸，明天难以自制而故态复发，显出粗俗急躁的本性。这样的人是极其虚伪和惹人厌恶的。良好的态度需要平和心做基础，而平和心又需要真诚的意念为前提。

一个志向高远、决心坚定的人，做任何事情都会有始有终，不会半途而废。获得别人的好感只是个好的开始，还需要用心去呵护它，这也是为自己今后的成功做铺垫。

真诚地对待别人，也许无法让所有的人都喜欢你，但至少可以让大多数人都信任你。而能够获得他人信任，正是通往成功的路上必备的能力。